KB050732

MILITARY TALK

재미있는
군사이야기

박규순 최병훈 이승현

박영사

머리말 PREFACE

군사 분야는 어렵지 않다!

우리나라는 여전히 북한과 대치 중이며, 주변은 군사 강대국들이 포진해 있다. 이렇게 복합적인 상황으로 인해 우리나라 대다수의 남성은 의무적으로 군 복무를 한다. 따라서 우리 주변에는 본인, 자녀, 형제/남매, 친구 등 많은 사람들이 직간접적으로 군대를 경험한다. 이렇게 군사 분야는 우리 삶에 깊숙이 들어와 있다.

그렇지만 많은 사람들은 군사 분야를 어렵고 이해하기 힘들다고 느낀다. 실제로 직업으로서 군인의 길을 걷는 사람들에게도 군사 분야가 어렵게 느껴지는 경우가 많다. 군 관련 경험 부족, 어려운 군사용어, 높은 수준의 군사서적 들이 군사 분야를 더욱 어렵게 느끼게 하는 이유다.

저자들도 사관학교에서 교육을 받을 때 군사 분야에 대해 공부해도 낯설고 어렵다는 경험을 했다. 이러한 경험을 바탕으로 군인을 희망하는 학생, 이제 막 군 생활을 시작하는 군인들에게 군사 분야에 대한 흥미를 가지는 방법을 고민하다 출판을 결심하였다.

우리는 군 경험이 짧거나 없는 분들에게 군사 분야가 마냥 딱딱하고 어려운 것만은 아니라는 점을 이야기하고 싶었다. 시중에 있는 군사 관련 서적은 해당 분야의 연구 경험이 있어야 이해할 수 있는 수준이기에, 저자들이 지은 이 책이 군 관련 경험이 없는 학생들과 초급 간부들에게 역할을 하리라 기대한다.

머리말 PREFACE

책은 전투관련 기술(combat technology), 무기관련 기술(weapon technology), 문화 및 역사(cultrue & history) 순으로 실었다. 실제 군의 분류법보다는 해당 기술이 어떻게 활용되었는지, 어떤 방법이 이해하기 쉬운지에 초점을 맞추어 분류하였다. 그리고 책의 목적상 깊고 어려운 내용보다는 군사 전 분야를 넓게 다루었다. 또 독자들의 이해를 돕기 위하여 군사 전문용어는 친숙한 용어로 바꾸었다.

인류의 역사, 전쟁의 역사는 기술 발전과 함께했다. 군사 분야의 이해는 곧 인류사회를 이해하는 데 큰 도움이 될 것으로 믿는다. 많은 독자들이 군사 분야를 이해하고 관심을 갖는 데에 이 책이 첫걸음이 되기를 희망한다.

2020년 10월
저자 일동

차례 CONTENT

차례 CONTENT

PART 03
문화 및 역사 culture & history

01

전투 관련 기술
combat technology

1. 6,000명의 서바이벌 훈련

군의 전투 상황은 영화나 FPS(First-Person Shooter)게임에서 많이 활용되고 있다. 이러한 전투행동을 화면으로 즐기는 것이 아니라 직접 체험하는 '서바이벌' 동호회들도 활동하고 있다. 무기를 들고 복장을 착용하고 산악지역, 도시지역 등으로 묘사된 체험장에서 팀을 나누어 실제 전투를 체험하는 것이다. 이러한 액티비티가 있다는 것을 잘 모르고, '내가 어떻게 뛰어다니고 전투를 하나' 하는 생각에 많은 사람들이 진입장벽이 높다고 느낀다. 하지만 한번 경험해 보면 그 매력에 푹 빠진다고 한다.

군은 국가에서 가장 강한 무력을 보유하여 국가의 정치적 목적을 달성하게 하고 유사시 무력을 통해 국토를 보전하고, 국민의 생명과 재산을 보호하며, 주권을 수호하는 집단이다. 전략적인 목표를 가지고 정부·국방부 차원에서 전쟁 억제력을 보유하고 유사시 전쟁에서 승리하기 위해, 군사력을 건설하고 유지하고자 많은 노력을 기하고 있다. 이는 무기체계 개발·도입, 국방정책과 교리 등을 발전시키는 등의 행위를 통해 달성할 수 있다.

그러나 아무리 좋은 무기체계를 개발·도입하고 정책·교리를

〈육군 과학화 전투훈련단(KCTC)〉

수립하여도 이를 직접 수행하는 야전의 부대·개인의 능력이 뒷받침
되지 않으면 아무런 소용이 없다. 따라서 군 수뇌부에서부터 야전의
소대장·분대장까지 "과연 우리 부대가 전시에 부여된 역할을 수행
할 수 있을까? 역할을 수행하기 위해 어떻게 얼마나 훈련되어야 하
는가?"와 같은 고민을 계속 품고 있다. '실전은 훈련처럼, 훈련은 실
전처럼'이라는 구호를 외치며 실제 전장과 유사한 훈련을 묘사하기
위해서 많은 노력을 투입하고 있지만, 실제 전장과 같은 훈련을 실
시하기란 여간 어려운 일이 아니다.

　　군 수뇌부와 지휘관들이 실제 전장과 같은 훈련장 묘사를 위해
많은 노력을 투입하지만 어쩔 수 없는 부분이 있다. 예를 들어 대항
군(적군의 군사행동을 취하는 가상부대)으로 묘사된 인원들과 전투를
하여도 실탄을 발사할 수 없기에 정말 적을 사살했는지 알 수 없다.
또한 훈련 중에 포병 화력을 요청하여 적을 공격하여도 실탄을 쏘는
것이 아니기에 포병탄이 어느 지점에 탄착되었는지, 적은 얼마나 피

해를 입었는지 알 수 없다. 이러한 제한사항 때문에, 실전적인 훈련은 쉽지 않다. 그러나 제한사항을 극복하여 전장과 매우 유사하게 묘사할 수 있는 육군의 훈련장이 있다. 실제 서바이벌 체험을 하듯 나의 사격술로 적을 사살할 수 있으며, 내가 유도한 포병사격이 적의 부대를 몰살하는 등 나·우리 부대의 전투행동이 즉각적으로 전장에 반영되는 훈련장이다. 바로 육군의 과학화 전투훈련단(KCTC)이다.

과학화 전투훈련단에서 발표한 자료에 따르면 여의도 41배 면적의 여단급 과학화 훈련장으로 5천여 명이 동시에 훈련할 수 있다. 세계에서 여단급 과학화 전투훈련장을 보유하고 있는 나라는 13개국이다. 우리나라는 미국, 이스라엘에 이어 세계에서 세 번째이고, 독자적으로 체계 개발을 하였다. 여단급 3개국 내에서도 첨단 시스템을 구축하였다.

훈련장은 160km의 전술도로와 기지국, 지역통신소, 광케이블(112km) 등이 설치되어 전투상황이 실시간으로 훈련통제본부로 전송된다. 따라서 훈련을 마친 후 각 부대·개인이 어느 지점에서 어떻게 전투했고 어떠한 결과가 초래되었는지 사후 강평이 가능하다. 또 이러한 통신체계를 활용하여 세계 최초로 곡사화기 자동 모의와 수류탄 모의가 가능하고, 공군 체계와 연동해 통합화력도 운용할 수 있다. 이러한 점을 인정받아 많은 국가에서 KCTC 훈련을 참관하려고 훈련장을 방문한다.

KCTC 훈련은 실제 전장과 가장 유사한 훈련으로 평가받는다. 미국의 과학화 전투훈련장은 유선으로 운용되며, 포병과 같은 곡사화기는 수동으로 처리된다. 우리나라는 모두 무선으로 운용되며 포병자산도 모두 자동으로 시뮬레이션 가능하다. 미국은 분대를 최소단위로 묘사하나, 우리는 모든 전투원 개인을 최소단위로 묘사하기 때문에 더욱 실전 같은 묘사가 가능하다.

전장의 거의 모든 요소가 구현 가능하기 때문에 지휘관의 판단, 개인의 전투행동을 통해 전투에서 승리하거나 패배하는 경험은 정말 큰 자산이 된다. 그렇기 때문에 훈련에 참가하는 군인들의 몰입도는 굉장히 높다. 실전과 같은 훈련 덕에 훈련을 마치고 사후 강평에서 지휘관들이 후회와 눈물을 보이는 경우가 많다. 과연 어떠한 요소를 통해 실제 전장과 유사한 훈련체계를 구축했는지 알아보자.

먼저, 훈련을 위해서는 '적'(Counterpart)이 필요하다. KCTC에서는 전문 대항군 부대를 운영하여 훈련에 참가한 부대들을 상대한다. 이들은 전갈부대라고 불리는데, 미군의 과학화 훈련장인 NTC(National Training Center)의 대항군 부대인 '전갈대대'에서 따온 것이다. 재미있는 점은 완벽한 적 묘사를 위해 KCTC의 전문 대항군 부대는 훈련할 때 북한군의 교리와 전투행동에 맞추어 전투한다. 복장도 북한군 것을 착용한다. 그들은 강한 훈련을 통해 전투력이 높은 것으로 평가받고 있다(실제 병사들의 상당수가 체육학과 출신이다). 실제로 전문 대항군 부대의 공격을 방어하거나 방어를 완벽히 뚫어낸 전례가 없다(물론 훈련의 목적은 승·패의 구분이 아니라, 훈련 참가 부대가 실전과 유사한 경험을 하도록 유도하는 것이다).

훈련은 공격과 방어로 나누어 진행된다. 실제 전장에서와 같이 밤낮의 구분 없이 전투가 진행된다. KCTC 훈련장은 험난한 산악지형에 있어 체력적으로 굉장히 힘들기 때문에 훈련 참가 전 부대들은 체력훈련에 집중하곤 한다. 훈련 중에 적의 공격에 의해 사망 판정을 받으면 실제 영현체험까지 한다. 차량으로 보급품을 싣고 이동하다 공격을 당하면 해당 보급품은 사용할 수 없다. 실제로 식량에 피해를 입어 식사를 할 수 없게 되는 상황도 발생한다. 적이 설치한 지뢰지대를 지나가거나, 우리가 있는 위치에 적의 포병공격이 가해지면 피해를 입게 된다. 실제 전투와 마찬가지로 당시 자세를 감지하여 자세에 따라 피해율을 낮출 수도 있다. 장비가 피해를 입으면 정비부대에서 부품을 수리·교환하여야 장비의 정상작동이 가능하다.

다음으로 이 모든 것을 가능하게 한 훈련장비를 살펴본다. 훈련에 참가하는 병력과 장비에는 훈련장비를 착용·부착하여 훈련을 묘사한다. 우선 병력들은 마일즈 장비를 착용한다. 이는 훈련장에서 나의 위치와 자세를 감지해준다. 또 적의 총기류 사격에 의한 레이저나 수류탄 레이저를 감지하여 피해를 묘사해준다. 피해를 입은 유형과 정도를 디스플레이에 명시해주는 것이다.

또 직사화기류에도 훈련장비를 장착하여 레이저로 총탄을 대신한다. 소총, 기관총은 공포탄을 발사하면 레이저가 발사되는 시스템이므로 정확한 조준과 총기 오작동에 의한 조치도 전투원이 직접해야 한다. 이러한 발사형 무기체계는 K-1 기관단총, K-2 소총, K-3 기관총, 60mm/81mm/4.2인치 박격포, K-4 고속유탄기관총, 90mm/106mm 무반동총, PZF-Ⅲ, 토우(TOW), 발칸, 크레모아, 장갑차, 전차 등 대부분이 훈련장비로서 발사가 묘사된다.

방독면감지기는 교리에 명시된 시간 안에 착용하지 못하면 사망신호를 보낸다. 화학작용제 자동경보전송기/모의탐지기 등의 화학무기체계도 묘사 가능하다. 곡사화기인 화포도 사격이 정확하게 묘사된다. 위에서 설명한 대로 병력이나 장비의 피해도 의무요원, 정비요원이 조치해야 전투에 다시 투입될 수 있다.

과학화 전투훈련은 세계에서도 실제 전장을 가장 잘 묘사한 것으로 평가받는다. 함께 손을 잡고 고지를 넘나들며 힘들게 임무를 수행하던 중 동료나 부하들이 사망처리를 받는 모습을 보면 가슴 속에서 뜨거운 무언가가 올라온다. 지휘관으로서 전투를 마치고 병력의 수가 줄어드는 모습을 보는 것은 가슴 아프다. 그들이 정말 사망한 것이 아님에도 태극기를 덮고 누워 있는 모습을 차마 쳐다볼 수 없다. 병사들은 누가 이야기하지 않아도 항상 사격 준비를 하고 있으며, 수상한 상황이 발생하면 순식간에 공격을 가하고 기동한다. 위험한 상황에 갇힌 전우를 보면 너나 할 것 없이 달려가 엄호하고 함께 손잡고 돌아온다. 실작전을 수행하며 느꼈던 감정을 KCTC 훈련장에서 고스란히 느낄 수 있었다.

우리 군은 6.25전쟁과 월남전 이후에는 전면전 경험이 없다. 많은 지휘관들은 KCTC훈련을 수행한 부대를 실제 전쟁을 수행한 부대로, 전투력과 전우애가 크게 상승한 부대로 생각한다. KCTC 훈련을 통해 우리 군이 더욱 단단해지고 강해질 것으로 믿는다.

2. 총알은 어떻게 나아갈까?

　　한국 국적의 남성이라면 누구나 군대를 가야 하기 때문에 사격 경험이 있다. 군대를 다녀오지 않은 남성이나 여성이라도 총을 활용한 게임이나 오락을 해본 경험이 있을 것이다. 표적을 넘어뜨리거나 인형을 맞혀서 선물을 받거나, 비비탄총으로 여러 표적을 맞히며 점수내기를 하는 등 사격은 일반인에게도 오락의 개념으로 다가가고 있다.

　　PC게임이나 콘솔 게임에서 FPS라는 개념의 총을 활용한 게임은 요즘에도 인기가 많다. '서든어택'이나 '오버워치' 같은 게임도 유명하지만 '배틀그라운드'는 배틀 로얄이라는 새로운 장르를 적용하고 총기에 대한 세밀한 게임 콘셉트를 선택하며 선풍적인 인기를 끌고 있다.

　　'배틀그라운드'에서 구체적으로 나타나는 특징은 총에 장착하는 다양한 액세서리, 총의 반동 제어, 사격 시 탄도곡선 등이 구체적으로 표현되었다는 점인데, 이 특징은 밀리터리 마니아들에게 '배틀그라운드'가 사랑받는 이유이다.

〈 '배틀그라운드' 포스터 〉

총에 장착하는 다양한 액세서리는 사격할 때 표적을 잘 볼 수 있고, 멀리서도 가까이 보여주는 도트 사이트, 홀로그램, 레이저 사이트, 배율경 등이 있다. 사격할 때 발생하는 반동을 제어하기 위한 수직·앵글 등 다양한 손잡이, 사격 자세를 편하게 해주면서 반동 제어에도 도움을 주는 개머리판이나 칙패드 같은 아이템도 있다. 총기 액세서리를 많이 모으면 총기의 반동이 안정적으로 제어 가능하고 먼 거리까지 사격이 가능하게 만들어준다.

먼 거리를 쏘거나 움직이는 대상을 쏠 때 이전 게임에서는 표적을 직접적으로 조준해서 맞히는 식이었으나 '배틀그라운드'에서는 탄도곡선과 리드(lead) 거리를 이해해야 한다.

탄도곡선은 탄의 포물선을 고려하여 거리에 맞게 배율경을 다르게 조준해야 한다. 리드 거리는 이동하는 표적의 속도를 예측해서 총을 발사하고 총알이 도착할 때쯤 어디에 위치할 것이고, 그 위치를 향해 예측 사격하기 위한 참고 자료이다. 리드 거리는 통상 전차나 헬기, 차량의 폭을 1리드로 하여 표적의 속도와 예상 이동거리,

사수와 표적의 거리를 고려해 표적별로 다른 리드 거리를 적용해서 사격해야 한다.

FPS 게임에서도 총기 사격에 대해 자세하고 세부적으로 표현을 해놓았는데, 실제 총기라면 어떨까?

군인과 떼려야 뗄 수 없고, 제2의 애인이자 생명을 지켜주는 최초이자 최후의 수단인 개인화기에는 아주 섬세한 과학이 담겨 있다. 현재 육군에서는 이런 섬세한 과학을 극대화하고자 '워리어 플랫폼(warrior platform)' 프로젝트를 진행하며 개개인의 전투력을 최상으로 끌어올리려고 하고 있다.

하지만 '워리어 플랫폼'이 적용되더라도 기본적인 사격 원리와 과학을 알고 사격하는 것과 모르고 하는 것은 하늘과 땅 차이다. 개인화기를 잘 쏘기 위해서는 사격의 원리를 알아야 한다. 기본적으로 총기에는 사수의 눈과 가까운 가늠자가 있고, 총구 가까이에는 가늠쇠가 있다.

기본적인 사격 원리는 소총의 가늠자와 가늠쇠를 일직선으로 하는 '조준선 정렬'과 조준선과 표적을 일치시키는 '표적 정렬'로 나뉜다. 이 두 가지만 알아도 누구나 사격할 수 있다. 잘 맞히는 것은 그 다음 문제다.

흰 도화지에 있는 한 개의 점에 직선을 그리면 직선이 여러 개 나올 수 있지만 점이 두 개면 직선은 한 개만 그려진다. 조준선 정렬은 한 개의 일정한 사격선을 그리는 과정이다. 이 사격선이 완성되면 사수와 표적을 이은 선과 평행을 이루고, 이후 최대한 두 선이 일치하도록 하는 과정이 사수가 표적에 사격하는 원리이다.

이런 원리로 두 개의 선을 일치시키기 위해 실시하는 최초 사격을 영점 사격(zeroing fire)이라고 한다.

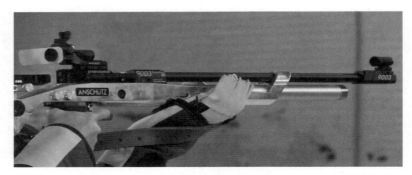

〈조준선 정렬〉

영점 사격을 하는 이유는 개인의 신체적인 이유에 따른다. 사람마다 눈 사이의 간격, 뺨과 눈의 간격 등이 모두 같지 않기 때문에 총열과 시선이 사람마다 모두 일치하지 않는다. 그래서 영점 사격 결과를 바탕으로 영점 조절을 하거나 오조준을 통해 사격의 정확도를 높이게 된다.

최근에는 다양한 광학 장비(도트 사이트, 홀로그램, 배율경 등)가 표적 정렬과 조준선 정렬을 한 번에 해결해주기도 하고, 사격을 더 쉽고 정확하게 하는 데 도움을 주고 있다.

사수의 시선과 총열의 위치 때문에 총알이 밑에서 올라온다고 오해하는 경우도 있는데, 실제 총알의 움직임은 전혀 그렇지 않다. 발사된 총알은 그저 포물선 운동을 할 뿐이다. 총열을 나오는 순간을 제외하고는 처음부터 끝까지 포물선 운동을 한다. 우리가 야구공을 던졌을 때 야구공이 움직이는 것처럼.

사격의 기본 원리를 알았다고 모두가 특등사수가 되는 것은 아니다. 영점 사격 과정에서 개인별로 호흡 불량, 격발 불량 등의 이유로 다양한 탄착군이 형성된다. 왜 그럴까? 총은 아주 섬세한 장비이지만 인간은 불완전한 존재다. 인간은 숨을 멈춘다고 하더라도 심장을 멈추지 못한다. 심장은 항상 뛰기 때문에 인체는 끊임없이 미세하게 진동한다. 이러한 진동은 양손과 가슴 그리고 턱까지 영향을 미친다. 지속적으로 총을 들고 있거나 조준을 하고 있으면 근육이 미세하게 떨리거나 호흡이 불안정해진다.

또한 오른손잡이 사수가 오른손으로 사격을 하면 오른손가락으로 방아쇠를 당기게 되는데, 방아쇠를 정확하게 후방으로 당겨야 흔들림 없이 총알이 발사되나, 손가락 구조상 왼쪽으로 힘이 가해지는 경우가 많다. 이런 경우 총은 격발 단계에서 미세하게 왼쪽으로 힘을 받아 탄착군이 왼쪽으로 형성되는 경우가 발생한다. 왼손잡이의 경우에는 이와 반대이다.

사격을 처음 하는 사람은 두 가지 때문에 화들짝 놀라곤 한다. 바로 '반동과 소음'이다. 군인은 반동과 소음에 대한 과학적인 이해를 바탕으로 이를 줄여나간다면 적을 제압할 확률은 높아지고 소음으로 인한 위치 노출이나 청력 손상 등의 위협을 줄일 수 있다.

먼저, 사격을 할 때 반동이 왜 발생하는지 알아보자. 반동에는 뉴턴의 제3법칙인 작용과 반작용이 정확하게 작용한다. 총알이 발사되면서 발생하는 힘을 작용이라고 하고, 이에 따라 총알이 나아가는 방향과 반대로 가해지는 힘을 반작용이라고 한다. 다시 말해 총알이 나가면서 발생하는 여러 힘이 총을 쏘는 나에게까지 작용한다.

중·고등학교 때 배운 운동량 보존의 법칙은 '작용과 반작용'과 밀접한 관련이 있다. 운동량 보존 법칙은 $mv = MV$로 나타나는데, m과 v는 총알의 무게와 속도, M은 총의 무게와 사수의 무게의 합, V는 반동으로 전달되는 속도다. M의 무게는 총알의 m보다 훨씬 더 크지만 총알의 속도인 v는 매우 크다.

반동은 사격의 반작용으로 인해 전달되는 속도 V가 크게 나타나는 것이다. 총을 쏜다는 것은 반동이 발생한다는 것이고, 반동을

<워리어 플랫폼을 적용한 K1 소총 사진>

제어하고 줄이기 위해서 사수는 팔, 어깨, 가슴 등 견착을 잘 해야 한다. 그렇지 않으면 총기가 흔들리고 총알은 다른 곳으로 날아가게 된다.

권총의 경우에도 동일하다. 권총은 소총처럼 개머리판이 없이 오롯이 양팔과 어깨로 반동을 제어할 수 있어야 한다. 권총을 격발했을 때 반동은 위로 올라가는 경우가 많다. 이는 팔과 어깨가 권총과 일직선이 되기 어렵고, 지렛대처럼 받치고 있는 상태에서 권총 사격 후 발생하는 반동으로 인해 위로 올라가는 힘이 생기기 때문이다.

총을 잘 쏘기 위해서는 반동을 잘 제어할 수 있어야 한다. 조금이라도 흔들리거나 움직이면 총알은 표적에서 벗어나기 일쑤다. 반동을 잘 제어하려면 자주 사격해서 자신의 총기에서 발생하는 반동에 익숙해져야 하며, 이를 제어하기 위한 훈련과 더불어 근력운동을 해야 한다.

또한 육군의 '워리어 플랫폼'에서 주어질 장비처럼 개선된 개머리판, 칙패드, 수직손잡이 등 다양한 총기 액세서리를 부착해 사격훈

〈소음기를 장착한 소총〉

련을 하면 이전보다 더 반동을 제어하고 편안하게 사격을 할 수 있게 될 것이다.

　　하지만 액세서리가 늘어날수록 총기의 무게도 늘어나기 때문에 액세서리가 많다고 무조건 좋은 것은 아니다. 액세서리가 장착된 총의 무게는 많게는 2배까지도 늘어날 수 있기 때문에 이를 제어하기 위한 근력과 사격훈련은 기본 중의 기본이다.

　　다음으로 사격을 할 때 소음이 왜 발생하는지 알아보자. 사격을 할 때 '기체의 팽창'으로 인해 소음이 발생한다. 총을 격발할 때 공이는 총알의 뒷부분을 강하게 타격한다. 이때 총알에 있는 장약(추진체)이 폭발하면서 총열을 따라 이동한 뒤 총구를 떠나는데, 총열 안에서 총알을 추진하는 기체가 갇혀 있다가 총구를 떠나는 순간 기체가 급팽창하면서 소음을 발생시키는 것이다. 이러한 팽창은 소음뿐만 아니라 섬광도 발생시켜 야간에는 적에게 노출될 가능성도 커진다.

　　소음을 줄이기 위해 소총에 소음기를 부착한다. 소음기가 사격

〈귀마개 혹은 헤드셋〉

시 발생하는 소음을 줄이는 원리는 다음과 같다. 소음기 안에 공간과 칸막이를 여러 개 형성하여 팽창하는 기체 일부를 그 안에 잠시 가두어 기체의 팽창 속도를 줄임으로써 총성을 줄인다. 소음기는 소음만 줄이는 것이 아니라 총구에서 발생하는 섬광까지도 줄여주는 효과가 있기에 야간에 사수의 위치가 노출되는 위험을 줄여주기도 한다.

소음기를 부착해도 소리를 전혀 나지 않게 하는 것은 불가능하다. 일정 데시벨을 줄여주는 효과가 있을 뿐이지 소음은 반드시 존재한다. 영화에 나오는 저격수들은 아주 은밀하게 일발필중으로 사격하는 것처럼 묘사되는데, 실제로는 아주 시끄럽다.

사격할 때 귀마개를 제대로 하지 않으면 귀가 멍해지는 이명현상이 발생하는데, 이명현상이 발생하면 다음 날까지도 영향을 주고 지속적인 자극은 청력 저하에도 영향을 준다.

이명현상을 방지하기 위해 귀마개나 헤드셋을 착용한다. 최신 장비의 경우 일정 데시벨의 소음은 차단하고 일정 데시벨 이하의 일상 대화는 가능하다. 청력 보호 헤드셋은 시중에서 판매하는 이어폰 혹은 헤드폰에 적용되는 소음 차단(noise canceling) 기술이 접목되어 있다. 소음 차단 기술은 외부의 소음이 들어왔을 때 역파장의 소리를 만들어냄으로써 또 다른 소음을 생성하여 상쇄시키는 기술이다.

'배틀그라운드'라는 게임을 시작으로 사격의 기본 원리 그리고 반동과 소음에 대해 알아보았다. 앞서 언급했지만 총기는 아주 예민하고 섬세한 장비이기 때문에 잘 쏘기 위해서는 반복적인 훈련과 숙달이 필요하고, 워리어 플랫폼에서 추진하는 것과 같이 다양한 총기 액세서리를 사용하면 사격의 정확도도 향상되고, 반동과 소음도 줄어드는 효과를 볼 수 있다.

3. 몇 발 쏴야 적을 사살할까?

무기(weapon)는 아군의 피해를 줄이고 적의 피해를 강요하기 위한 방향으로 발전했다. 그 핵심 요소는 '사거리'와 '명중률'이다. 적의 무기보다 멀리서, 더 정확히 맞힐 수 있다면 아군의 피해보다 적의 피해를 더욱 많이 강요하여 결국 아군이 승리할 수 있다.

역사적으로 그런 사례는 매우 많다. 활의 민족인 고구려는 적보다 더 크고 멀리 가는 활을 사용했다. 이순신 장군도 왜군의 조총(100보)보다 사거리가 긴 화살(150보)을 사용하고, 천자총통(1,200보), 황자총통(1,100보) 등을 활용했다. 긴 사거리를 활용하여 적을 타격하고 빠지는 전술로 수적 열세를 극복하고 23전 23승이라는 대업을 달성하였다.

근·현대전에서도 소화기, 박격포, 화포, 전차, 미사일 등 거의 모든 발사식 무기 체계에서 '사거리'와 '명중률'의 우위는 전투와 전쟁을 승리로 이끄는 중요한 요소였다. 최근에는 전투에 사용되는 무기를 넘어서 전략무기로서 '사거리'와 '명중률'이 매우 중요한 요소이다.

여기에서는 그중에서도 보병에게 지급되는 소총과 기관총에 대해서 알아본다. 오늘날 일부 저격용 총기류를 제외하고 각국의 일반

⊕ 적 1명 사살당 탄약소모량(발)

1차 세계대전	2차 세계대전
7,000	20,000~30,000
베트남전	현대전
30,000~50,000	15,000

보병이 사용하는 소총과 기관총의 '사거리'와 '명중률'은 크게 다르지 않다. 군용 총기에 버금가는 불법 사제소총을 제작할 수 있을 정도로 복잡한 기술이 사용되지 않기 때문이다. 과학기술의 발달로 사거리와 명중률을 대폭 증가시킬 수 있지만, 사람이 들고 뛰어다니며 전투하기에는 크고 무거워지기 때문에 과학기술과 신체능력을 절충한 것이 현재 소화기의 형태로 볼 수 있다.

전쟁의 역사에서 적 1명을 사살하기 위해 사용된 탄약은 얼마나 될까? 답은 위의 표와 같다.

군사전문가나 연구자에 따라 차이는 보이지만 대부분 위의 표와 비슷한 결과를 발표하고 있다. 전쟁 중 몇 명이나 사망했는지, 어떤 수단에 의하여 사망했는지 전투마다 기록하고 유지하는 것이 사실상 어렵기 때문에 어떻게 분석하냐에 따라 전문가들의 의견이 다르다.

표를 보면 제2차 세계대전과 베트남전에서는 수만 발당 한 명이 사살될 정도로 굉장히 많은 탄이 사용된 것을 알 수 있다. 군에서 훈련하는 방식을 살펴보면 참호 안에서 사격하는 입사호 10발+무릎 꿇고 사격하는 자세와 엎드려서 쏘는 자세가 섞인 10발 총 20발 사격 중 12발(60%)~18발(90%)을 표적에 맞히는 것이 해당 계급에서 요구하는 수준이고 대부분의 군인들은 이것을 충족한다.

앞의 표에 있는 전쟁을 산술적으로 계산하면 21,750발당 1명이 사살되었다는 값을 얻을 수 있다. 이를 '명중률'로 계산하면 무려 0.0046%이다. 물론 사격훈련과 실제 전장은 다른 점이 많다. 도대체 명중률이 왜 이렇게 낮았는지 살펴보자.

첫째, '인간의 생존본능'이다. 보병은 주로 방어하는 쪽과 공격하는 쪽으로 나눠진다. 방어하는 쪽은 방벽을 쌓거나 참호(보호받기 위하여 땅을 파서 숨는 공간)를 구축하게 된다. 전투가 시작되면 방어하는 쪽은 총탄이 빗발치는 두려움에 기인한 생존본능으로 고개를 내밀어 적을 조준사격하기보다 팔만 들어 총을 난사하게 된다. 따라서 명중률이 낮아진다. 공격하는 쪽도 마찬가지다. 방벽이나 참호에 숨은 적을 공격하기 위해서는 다가가야 하는데 적은 잘 보이지도 않기 때문에 굉장한 두려움을 느낀다. 지휘관의 명령에도 돌격하지 못하고 은엄폐물을 찾아 숨기 바쁘다. 돌격을 하게 되더라도 적이 고개를 들고 사격하지 않기를 바라며 적이 있을 것으로 예상되는 지점에 다량의 사격을 가하게 되는 것이다. 이들이 군인정신이 부족한 것은 아니다. 사람으로서 살기 위한 본능일 뿐이다. 지휘관은 이러한 문제를 해결하기 위해 고심하지만 인간의 본능을 억누르고 전투하기는 매우 어렵다.

둘째, 적을 맞혀 사살할 피탄면적이 매우 작기 때문이다. 참호에 들어가 얼굴을 들고 조준사격을 한다고 가정하자. 목 아래 부분은 참호에 의해 보호받고, 눈썹 위는 방탄모에 의해 보호받기 때문에 결국 턱에서 눈썹까지지가 적의 사격으로 사살당할 수 있는 면적이다. 가로×세로 20cm 내외의 면적은 멀리 있는 적이 조준하기도 힘들다. 참호에 있지 않더라도 내 몸을 보호할 수 있는 물체는 매우 많다. 주로 산악지역에서 전투하는 한반도에서는 언제나 은엄폐할 수 있는 물체들이 있다. 육군에서는 '각개전투'라는 훈련과목을 통해

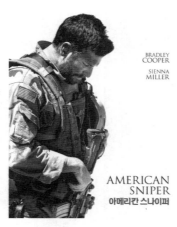

BRADLEY
COOPER

SIENNA
MILLER

AMERICAN
SNIPER
아메리칸 스나이퍼

〈아메리칸 스나이퍼(2015)〉

은엄폐물을 활용하고 나의 신체를 보호할 수 있는 방법을 교육한다. 예를 들면 나무같이 좁은 은엄폐물을 활용하여 전투할 때는 엎드린 상태에서 발끝을 모아 발에 총알이 맞는 것을 방지하는 교육도 있다. "훈련은 전투다! 각개전투!"

셋째, 사격훈련과 달리 적은 계속해서 움직인다는 것이다. 육군이 실시하는 사격훈련은 1발 사격당 몇 초의 사격시간을 부여한다. 몇 초는 적과 대치 시 은엄폐하고 달아날 수 있는 충분한 시간이다. 게다가 산악지역이 많은 한반도에서는 어디에나 내 몸을 보호할 수 있는 물체가 매우 많기 때문에 계속 움직이는 적을 맞히는 건 더욱 힘들다.

넷째, 사격하는 입장에서 고려해야 할 것이 있다. 바로 탄도학이다. 소총의 탄은 직선으로 날아가지 않고 포물선 형태로 날아간다. 군에서도 100m, 200m, 250m마다 일부 오조준을 해서 사격하게 훈련시킨다. 전장에서는 적이 얼마나 떨어져 있는지, 얼마나 오조준을 해야 할지 생각할 틈이 없다. 거리는 가늠하기 힘들며 적은 끊임없이 움직

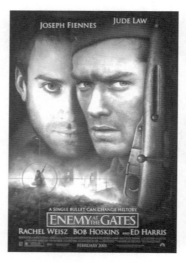

〈에너미 앳더 게이트(2001)〉　　　　　　〈더블타겟(2006)〉

이며 나타났다 사라지기 때문이다. 이때에는 위·아래로 오조준을 하지만 좌우로도 고려해야 할 것이 있다. 가만히 있는 적은 거의 없기 때문에 달리는 적을 정확히 맞히기 위해서는 탄이 날아가는 시간을 고려해서 적이 달리는 방향 앞으로 오조준을 해야 한다. '총알은 엄청 빨리 날아가지 않을까?'라고 생각할 수도 있다. 그러나 실제로 사격을 해보면 '어! 안 맞았나?'라는 생각이 든 후에 표적이 넘어간다.

　　다섯째, 동원되는 병사들의 훈련 수준이다. 전쟁의 징후가 짙어졌거나, 적이 선제적으로 공격해 온다면(현대전에서는 이러한 경우가 거의 없다) 국가는 동원령을 선포하여 군의 몸집을 불리게 된다. 생업에 종사하다가 동원되는 병력은 개인 전투기술도 잊었을 뿐 아니라 현역 군인보다 짧은 군사교육을 받고 실전에 배치된다. 따라서 동원병력은 현역 군인보다 사격술이나 개인 전투기술이 미숙하기 때문에 적 1명을 사살하기 위한 탄약의 소모가 더 많아지는 것이다.

전쟁사를 살펴보면 전쟁이 치열해질수록 전선에 배치되는 동원병력의 소집 주기가 짧아져, 짧은 시간에 이들을 얼마나 효과적으로 교육하느냐가 전투의 승패에 영향을 미치기도 하였다. 우리 군은 병사의 복무기간을 단축하고 상비병력을 줄이고 있다. 이 공백을 동원병력과 첨단무기 등으로 보완해야 할 것이다.

그렇다면 사격의 고수, 저격수들은 어땠을까? 저격수들은 1명을 사살하기 위하여 총알을 몇 발 사용했을까? 바로 1명당 1.7발이다. 그들은 비교적 먼 지역에서 안전을 보장받고, 고강도의 훈련을 받아 정확하게 사격할 수 있기 때문이다. 그럼에도 일반 사격에 비해 수천 수만 배의 효율을 발휘하기란 쉽지 않았을 것이다.

사격기술, 저격수의 심리, 전쟁의 참혹함 등을 엿볼 수 있는 영화들이 있다. '아메리칸 스나이퍼', '에너미 앳더 게이트', '더블타겟' 등 저격수에 관한 영화 보기를 추천한다. 일부 영화는 실화를 바탕으로 제작되었다.

4. 두더지 전법

　　실시간 전쟁게임인 '스타크래프트(starcraft)'에는 나이더스 커널 (nydus canal)이라는 건물이 있다. 나이더스 커널은 저그라는 종족의 건물인데 한 쌍으로 이루어져 있다. 나이더스 커널의 특징은 아군의 병력이 한쪽으로 들어가면 다른 쪽으로 신속하게 나오게 된다는 것 이다. 게임에서는 나이더스 커널의 이러한 특성을 이용해 멀리 떨어 진 아군의 진지로 병력을 신속하게 이동시키거나 적 진지 깊숙한 곳 으로 신속하게 침투한다. 나이더스 커널은 건설하는 데 높은 테크트 리(technology tree)가 필요해 건설까지 오랜 시간이 걸리지만, 일단 건설에 성공하고 아군의 병력을 이동시키기만 하면 기습공격으로 적 에게 막대한 피해를 줄 수 있다. 건설하는 데에 시간과 노력이 많이 들지만 성공하면 그 효과는 확실하다.

　　이처럼 게임에서 적의 방해를 받지 않고 신속한 기동에 사용되 는 나이더스 커널과 비슷한 것이 현실 세계에도 존재한다. 그것은 바로 '땅굴'이다. 물론 게임 속 나이더스 커널은 한쪽으로 들어가면 다른 쪽으로 바로 나오는 순간이동 같아 현실의 땅굴과는 다르지만, 적의 공격을 받지 않고 빠르게 이동할 수 있고 기습이 가능하다는

〈나이더스 커널〉

점에서 땅굴과 비슷한 점이 많다. 땅굴을 만드는 데 시간과 노력이 많이 들어가긴 하지만 완성만 된다면 게임 속 나이더스 커널처럼 기습공격을 통한 효과는 확실하다.

땅굴을 사용한 주요 사례는 북한이 대한민국에 침투하기 위해 사용한 것과 월남전에서 베트콩이 게릴라전을 위해 사용한 것이 있다. 두 사례는 주요 사용 목적 측면에서 다르기는 하지만 그 효과는 크게 다르지 않다.

그럼 어떤 목적으로 땅굴을 사용하였고 실제 전쟁에서 어떻게 쓰였는지 자세히 알아보자.

땅굴을 사용하는 목적은 크게 두 가지이다.

첫째, 적에게 들키지 않고 신속한 기동을 하기 위해서이다. 지상에서 병력을 이동할 경우 적의 특수전 부대나 인공위성, 정찰기 같은 탐지수단에 병력의 움직임이 쉽게 노출된다. 적에게 움직임이 노출된다는 것은 적이 아군을 공격할 시간을 주는 것이다. 하지만 땅굴은 적의 육안탐지를 원천 봉쇄할 수 있다. 과거에는 육안탐지가 주된 탐지 방법이었기 때문에 육안탐지만 피할 수 있다면 적의 정찰 및 감시로부터 비교적 자유로웠다. 땅굴은 육안탐지를 피해 땅속으로 기동이 가능했기 때문에 적 공격을 받지 않고 이동이 가능했다.

물론 땅굴 속은 넓지 않아서 지상에서 움직이는 것보다는 불편하긴 했지만 적의 방해가 없기 때문에 상대적으로 신속한 기동이 가능하다. 총알이 오가고 포탄이 떨어지는 지상에서 전진하는 것보다는 불편하더라도 안전이 보장되는 땅굴 속에서 앞으로 가는 것이 훨씬 쉽고 빠르지 않겠는가. 땅굴의 은밀함과 신속성을 이용하여 적의 주요 지점까지 병력을 이동시킴으로써 기습공격의 효과도 얻을 수 있다.

둘째, 아군의 생존성을 높이면서 게릴라 작전을 하기 위해서이다. 게릴라 작전은 상대적으로 전력이 열세인 쪽이 전력이 강한 상대에게 사용하는 '치고 빠지기' 전략이다. 땅굴의 이쪽 구멍으로 나와서 기습하고 저쪽 구멍으로 도망치면 아무리 전력이 강한 부대라도 쉽게 대응하지 못한다. 토끼가 굴을 여러 개 파놓고 이쪽 구멍으로 들어갔다 저쪽 구멍으로 나오면 쉽게 잡지 못하는 것과 비슷하다. 토끼굴은 연기를 피워서 굴 밖으로 토끼를 유인이라도 할 수 있지만 땅굴은 규모도 크고 나름 환기도 되어서 그러한 전략이 통하지 않는다.

땅굴 내부는 형태를 알 수 없고 좁기 때문에 전력이 강해도 제대로 된 전력을 발휘하기 쉽지 않다. 땅굴 내부가 복잡하여 땅굴 안에서 적을 찾아내는 것이 힘들고, 설사 만난다 하더라도 땅굴에서 활동이 익숙하고 만반의 준비가 되어 있는 적을 상대로 제대로 된 힘을 쓸 수 없다. 즉, 힘이 압도적으로 세긴 하지만 힘을 쓸 수 있는 공간과 기회가 없기 때문에 약자가 게릴라 작전을 하기 좋다.

화력을 쏟아붓는 것은 어떨까? 막강한 화력을 쏟아부어 땅굴을 무너뜨리는 것이다. 그러나 이 방법을 실제로 실행하는 데는 많은 제한이 있다. 실제 전쟁 중에 참호에 들어가 있기만 해도 포탄으로 인한 피해를 줄일 수 있는데 하물며 땅굴 안에서는 어떠하겠는가. 은엄폐가 완벽하게 되어 있는 땅굴 속에서는 웬만한 포탄에는 피해

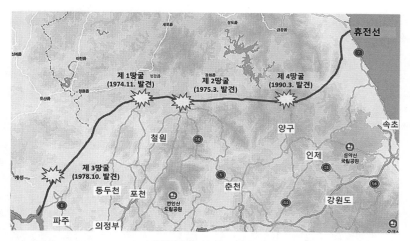

〈대한민국에서 발견된 땅굴〉

를 거의 입지 않을 수 있다. 또한 땅굴이 어디에, 어떤 규모로 있는
지 파악하는 것도 불가능하기 때문에 포격을 쏟아붓는 것은 사실상
불가능하다. 이렇게 생존성을 극대화하면서 '치고 빠지기' 식의 게릴
라 작전이 가능하기 때문에 땅굴을 사용한다.

　　지금부터는 땅굴이 실제로 사용된 사례에 대해 알아보자. 땅굴이
실제로 사용된 사례는 가까이에는 북한이, 멀리에는 월남전에서 베트
콩이 사용한 사례가 있다. 이 가운데 먼저 땅굴을 이용해 은밀하고
신속한 기동으로 대한민국을 기습공격하려 했던 북한의 사례를 알아
보자. 북한이 남침을 위해 판 땅굴은 발견된 것만 4개이다. 이 정도면
두더지의 후예가 아닐까 싶다.

　　지금까지 발견된 땅굴은 양구, 철원, 연천, 파주로 동부전선과
서부전선 가릴 것 없이 전방위적으로 배치되어 있다. 이런 땅굴 중
일부는 서울과 멀지 않아 땅굴을 통한 북한의 기습공격이 가능한 위
치이다. 실제로 제3땅굴은 서울에서 52km밖에 떨어져 있지 않아 자

〈대한민국에서 발견된 땅굴의 입구〉

동차로 40분이면 이동할 수 있다.

　　적이 마음만 먹으면 땅굴을 통해 남한 쪽으로 나와서 한두 시간 이내에 서울에 도달할 수 있는 거리에 있다. 이러한 땅굴은 평시에는 간첩 및 무장공비 침투를 목적으로, 전시에는 대규모 병력을 신속하게 이동할 목적으로 사용될 계획이었다.

　　언뜻 생각하기에 땅굴 내부는 좁아서 이동이 제한될 것 같은데 예상 외로 크고 시설도 잘 갖추어져 있다. 전기시설과 레일이 설치되어 있고 넓은 집합공간까지 있어 북한의 병력, 차량, 야포 등을 신속하게 이동시킬 수 있게 되어 있다. 실제로 이러한 땅굴은 1시간에 3만 명 가량이 통과할 수 있는 규모로, 2시간이면 1개 사단의 주요 병력이 침투 가능할 정도로 엄청난 규모이다.

〈북한이 판 땅굴 내부〉

　발견된 땅굴 4개를 모두 이용하여 북한이 기습 남침할 경우 대한민국 전방 전투병력의 1/3을 완전 무력화할 만큼 위협적이다. 이 정도 규모라면 대한민국에게는 엄청난 위협이다. 땅굴이 더욱 위협적인 이유는 휴전선 부근에 땅굴이 더 있을 수 있고, 땅굴이 눈에 보이지 않아 심리적인 불안감이 크게 작용하기 때문이다. 실제로 우리 군은 북한의 땅굴을 찾아내는 부대를 편성하여 북한이 팠거나 파고 있는 땅굴을 지속적으로 탐색하고 있지만 더는 발견하지는 못하고 있다.

　이처럼 북한은 땅굴이 은밀하고 신속한 기동이 가능하다는 점을 정확하게 파악하고 평시에는 간첩 파견을 목적으로, 전시에는 기습공격의 수단으로 사용하기 위해 땅굴을 만들었다. 만약 이를 발견하지 못한 채 전쟁이라도 발발했다면 6.25 전쟁에서 서울을 삽시간에 점령당한 악몽이 재현될 수도 있었을 것이다.

　다음으로 땅굴을 이용해 아군의 생존성을 높이며 게릴라전을 펼친 월남전의 사례를 알아보자. 미국은 제2차 세계대전 이후 전 세계의 패권을 쥐고 있는 나라다. 월남전 당시에도 미국이 패권을 쥐고 있던 시기로 미국의 군사력은 어마어마했다. 베트콩은 강력한 미군을 상대로 전면전으로는 승산이 없음을 깨달았을 것이다. 따라서 전

〈베트콩이 판 땅굴 내부 모형〉

면전이 아닌 다른 전술로 세계 최강의 미국에 대항하려 했다. 그 방법이 바로 땅굴을 이용하는 게릴라전이었다.

　　베트콩이 만든 대표적인 땅굴로는 '구찌땅굴'이 있다. 구찌땅굴은 사이공에서 70km 떨어진 곳에 있는데, 지상에서 미군과의 싸움을 피한 베트콩의 지하 요새 역할을 했다. 땅굴 안에는 회의실을 비롯하여 병원, 식당, 창고, 무기 작업실까지 있다. 이 정도면 판타지 소설에 나오는 '드워프'의 후예가 아닌가 싶다. 구찌땅굴의 깊이는 3~8m이며 통로는 거미줄처럼 여러 갈래로 연결되어 있으며 그 길이는 무려 250km에 달한다. 이 거리는 광화문에서 대구까지 직선거리에 해당한다. 터널의 통로는 대략 80×50cm 규모로 매우 좁아서 자유로운 이동이 제한되지만 체구가 작은 베트콩들은 비교적 자유로운 이동이 가능하였다.

　　베트콩은 거미줄처럼 뻗은 땅굴을 드나들며 게릴라전을 펼쳐 미군에게 지속적인 피해를 입혔다. 지상에서는 패권을 자랑하는 미국이었지만, 막강한 전투력을 사용하기도 전에 땅굴로 숨어버리는 베트콩에게는 이렇다할 힘도 써보지 못하고 당할 수밖에 없었다. 한 번에 큰 피해를 입는 것은 아니었지만 베트콩의 지속적인 게릴라 공격으로 피해를 입는 미군 입장에서는 답답할 노릇이었다.

미군은 땅굴 내부에 있는 적을 소탕하기 위해 '터널랫츠(turnnel rats)'라는 땅굴 수색 전문부대까지 만들었다. 그만큼 미군에게 베트콩의 땅굴은 눈엣가시였던 것이다. 하지만 베트콩은 지속적으로 미군을 공격하고 땅굴로 달아났는데, 미군은 베트콩 게릴라군을 쫓아 땅굴 속으로 따라 들어갈 수밖에 없었다. 베트콩이 파놓은 땅굴 입구는 거의 대부분 수직이었는데, 하체를 먼저 내리면 밑에서 기다리던 베트콩 병사들이 미군을 창으로 찌른 뒤 달아났다. 맹독이 묻어 있는 창에 찔린 미군은 치명상을 입고 대부분 죽었다. 그렇다고 머리를 먼저 들이미는 것은 그야말로 적에게 목을 가져다 바치는 격이어서 그 또한 좋은 방법은 아니었다.

이것도 좋은 방법이 아니고 저것도 좋은 방법은 아니지만 목숨을 걸고 땅굴에 진입해야 했다. 땅굴에 들어가는 데 성공하는 것만 해도 하늘이 돕는 격이었다. 하지만 땅굴에 첫발을 무사히 들여놓았다고 해서 끝난 것이 아니다. 오히려 더 많은 죽음의 문턱이 기다리고 있었다. 안 그래도 좁은 땅굴 속에서 앞으로 나가는 것도 힘든데 잘 보이지도 않는 인계철선을 건드리면 폭발하는 부비트랩은 저승행 특급열차 같았다. 또한 나뭇가지와 잎으로 가려놓은 죽창 구덩이도 있었는데 여기에는 맹독이 묻어 있어 찔리면 마찬가지로 저승행이었다.

그리고 땅굴에는 벽을 까맣게 덮고 있는 불개미나 치명적인 바이러스를 지닌 박쥐, 맹독을 지닌 독사들이 도사리고 있어서 그야말로 첩첩산중이었다. 이뿐만 아니라 땅굴 곳곳에 설치된 수밀봉(水密

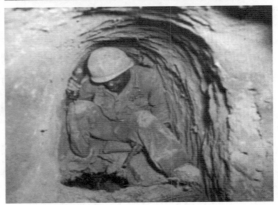

〈베트콩이 판 땅굴에 있는 함정〉

封, water seal)을 통과할 때는 숨을 들이쉰 상태로 물속으로 들어간
뒤 숨이 차기 전에 반대쪽 수면으로 나가야 했는데, 물속에서 길을
찾지 못해 시간을 지체하면 물귀신이 되어 저승으로 갈 수밖에 없었
다. 한마디로 땅굴에 들어와도 살아서 나가기는 거의 불가능에 가까
웠다.

　　이처럼 베트콩은 땅굴이라는 지하 요새를 활용하여 아군의 생

존성을 향상시키면서 미군을 계속해서 기습 공격하였다. 미군은 적이 어디에, 얼마의 규모로 있는지 알 길이 없으니 베트콩 게릴라에게 큰 피해를 입히기 어려웠다. 결과적으로 베트콩은 땅굴의 생존성 보장이라는 장점을 활용하여 미군이 월남전에서 발을 뺄 때까지 버틸 수 있었다.

지금까지 땅굴의 이용 목적과 실제 사례를 알아보았다. 땅굴은 대규모 병력의 은밀하고 신속한 기동을 가능하게 만들고 아군의 생존성을 보장해줄 뿐만 아니라, 적을 기습해서 큰 피해를 줄 수단인 것은 분명하다. 하지만 땅굴은 만드는 과정이 오래 걸리고 땅굴 내부에서의 활동이 상당히 제한되기 때문에, 많은 노력과 불편을 감수해야 한다. 아군의 불편함을 감수하면서까지 적에게 피해를 주기 위한 땅굴은 전쟁에서 이기겠다는 집념의 산물이 아닐까.

5. 화포의 사격 원리

　군에서 병과의 첫 글자만 따서 부르는 은어가 있다. "보, 포, 기, 공, 통, …" 보병 다음에 나오는 병과가 바로 포병이다. 그만큼 규모도 크며 전장에서 중요한 역할을 수행하는 병과이다. 고대에는 근접전투에 앞서 적의 전투력을 무력화하고, 접근하기 힘든 요새에 있는 적을 공격하기 위하여 장거리 무기를 개발하였다. 그중 하나가 돌을 던지는 투석무기였다. 이러한 장거리 무기는 화약 개발과 함께 현재의 화포와 유사한 형태로 발전되었다. 임진왜란 때 선조들은 천자총통(天字銃筒)을 활용하였고 이는 거북선과 판옥선에 장착되어 왜군을 무찌르는 데 중요한 역할을 수행했는데, 이 천자총통도 화포이다. 화포는 조금 더 멀리, 정확하게, 더 많은 피해를 주는 방향으로 발전했으며 현재도 진행 중이다.

　화포는 포신 내에서 폭발하는 힘을 받아 탄이 날아가는 것을 의미한다. 기술이 발전하면서 발사 후 추진체에 의해 날아가는 로켓, 미사일이 개발되어 포병의 범주에 있지만 이들을 화포로 분류하지는 않는다. 전차의 포, 사람이 전차를 공격하는 대전차무기, 무반동총 등은 화포의 원리와 개념을 일부 공유하지만 이 또한 포병으로 분류하지 않는다. 사격하는 주체가 전차, 사람이기 때문에 그를 담당하는 기갑, 보병병과로 분류한다.

화포는 근·현대에 들어서 크게 두 가지로 분류할 수 있다. 바로 견인포와 자주포이다.

견인포란 말 그대로 포를 끌어서 움직이는 형태이며, 사격을 위해서는 화포를 끌어주던 차와 분리하여 땅에 견고하게 박아주는 절차가 필요하다. 왜냐하면 탄약을 쏠 때마다 그 반동에 따라 포가 틀어질 수 있으며 그로 인해 원하는 지점으로 탄약이 날아가지 않고, 다음 사격에도 틀어져 다시 조준해야 하는 문제가 있기 때문이다. 견인포는 자주포보다 기술 구조가 단순하며, 운용하는 사람들의 훈련 수준에 따라 조준하는 시간과 정확도가 결정되는 무기체계이다.

자주포는 스스로 기동할 수 있는 화포이다. 포장되지 않은 야지에서 운용되는 경우가 많아 기동수단으로 주로 궤도를 장착한다. 따라서 무기체계를 잘 모르는 사람들이 자주포를 보면 전차로 오해하는 경우가 있다.

대포는 어떻게 적을 맞히는 걸까? 교리적으로, 기술적으로 어렵지만 간단히 설명하겠다.

대포는 적의 위치를 알려주는 관측반과 화포에서 사격을 실시하

견인포, KH-179

자주포, K-9

는 사격반(가칭)으로 나눠진다. 관측반이 적을 관측하고 적의 좌표를 획득, 계산하여 사격반에 알려주면 화포는 해당 좌표로 사격을 한다. 좌표를 정확히 관측하고 그 좌표로 정확히 사격해도 명중하지 않을 확률이 더 크다. 그 이유는 매우 다양하다. 3D(실 지형)를 2D(지도)로 변경하면서 오는 미세한 차이, 사격 시의 기상(기상을 고려하여 사격하지만, 지표면의 기상과 탄의 경로인 고고도의 기상은 차이를 보인다.), 지형마다의 지구의 중력가속도 차이(표준 중력가속도는 $9.80665m/s^2$이지만, 지형마다 조금씩 다르다.) 등 매우 다양한 변수가 있기 때문이다. 따라서 관측반은 처음 공격한 탄의 낙탄지점을 확인하여 적을 맞히기 위하여 수정한 제원을 사격반에게 전달하고, 사격반은 적을 무력화하기 위한 '진짜' 사격을 가하게 된다.

관측반은 사실 다양한 방법으로 운용될 수 있다. 군에서 주로 운용하는 방법은 포를 운용하는 포병부대에 소속된 관측반이 있다. 이들은 Tas-1k라는 관측장비를 활용하여 적의 좌표를 사격반에게 전송하나, 유사시 육안과 지도에 의해 좌표를 결정하기도 한다. Tas-1k 및 육안으로 확인하기 위해서는 적이 보이는 위치에 있어야 한다는 단점이 있다.

다음은 포병부대가 아닌 다른 부대에서 적의 좌표를 포병부대에 전달하여 사격을 요청하는 방법이다. 대부분의 부대는 해당 부대를 지원하는 포병부대가 지정되어 있어 해당 포병부대로 화포사격을 요청하는 것이다.

다음은 사전에 확보하고 있는 좌표로 사격을 하는 방법이다. 특히 북한과 같이 고정적으로 대치하는 적에게 활용되는 방법이다. 다양한 관측수단으로 적의 포병부대나 포병진지의 위치를 가지고 있다가 사격하는 방법이다.

또 대포병 레이더(counter-battery radar)를 활용하여 적의 위치를 알아내는 방법이다. 이는 적의 화포가 먼저 사격했을 때 쓰는 방법이다. 이 장비는 당연히 포병에서 운용하며, 날아오는 탄의 궤적을 레이더로 확인하고 탄도학(다양한 탄약들의 운동현상을 설명하는 응용역학)을 적용하여 적의 위치를 추정하는 것이다.

다음은 UAV(무인항공기, Unmanned Aerial Vehicle)로 적의 위치를 확인하는 방법이다. 요즘 육군이 많이 발전시키고 있는 분야로 사람이 직접 침투해야 하는 단점을 보완하고 높은 위치에서 적의 포병을 광면적으로 정찰할 수 있다는 장점이 있다. UAV 분야도 매우 다양한데, 비행기만큼 큰 UAV도 있고, 장난감같이 생긴 작은 형태도 있다. 날개의 형태에 의한 양력으로 나는 고정익 방식과 프로펠러에 의하여 비행하는 회전형 방식(크기가 작은 회전형 방식의 UAV를 드론으로 분류하기도 한다.)이 있다.

다음은 군사위성에 의한 방법이다. 군사위성에 의한 방법은 모든 표적에 대하여 실시간 감시가 제한되기 때문에 적 지휘부, 탄도미사일 발사 지역, 해·공군기지 등 전략적으로 중요한 지역을 위주로 감시·정찰한다.

마지막으로, 개발이 진행 중인 관측포탄(POM, Para-Observation Munition)이다. 관측반의 역할 중 처음 사격한 탄의 오차를 수정하여 사격반에게 알려준다고 하였는데, 이 역할을 포탄이 하는 것이다. 적에게 사격할 때 관측포탄을 같이 사격한다. 일정 고도에 올라선 관측포탄은 포탄에 내장된 자탄(子彈)들이 나와 작은 낙하산을 펼쳐 비행하게 된다. 자탄에 장착된 카메라가 지표면에 떨어지는 탄들의 영상을 획득하고 이 영상과 함께 좌표·고도 등의 자료를 관측반에게 전송한다. 해당 자료를 받은 관측반에서는 영상, 좌표, 고도를 함께 분석하여 적을 무력화하기 위한 '진짜'사격을 가한다.

포병은 전투부대에서 없어서는 안 될 존재이다. 모든 공격과 방어는 포병사격에 의해서 시작된다. 소총사격으로 적 1명을 사살하기 위해서는 탄약이 수만 발 소모된다는 것을 알아보았다. 제1차, 제2차 세계대전을 비롯한 여러 현대전에서는 포병에 의한 사망자 수가 가장 많다(전투기, 미사일, 핵 등 전략무기 제외). 이렇게 중요한 포병 공격에서 가장 중요한 것은 얼마나 빨리, 정확하게 적의 위치를 파악하고 공격하느냐이다. 사람에 의한 관측방법에서 군사위성, 개발 중인 관측포탄까지 알아보았다. 관측 없이 포병 전투를 하는 것은 눈을 가리고 싸우는 것과 같다.

6. 전투력을 3배로, TOT 사격

　모든 전투에서 가장 흔히 쓰이는 전술·전략 중 하나는 기습이다. 바로 적이 예상하지 못하는 장소, 시기, 방법으로 상대의 혼란을 가중시키고 대응하기 어렵도록 만드는 것이다.

　전략게임인 스타크래프트(Starcraft)에는 이번 주제와 잘 어울리는 테란(인간) 종족의 시즈탱크가 있다. 시즈탱크라는 유닛은 탱크모드와 시즈모드(공성모드)로 운용할 수 있다. 무기체계와 비교하면 탱크모드는 전차, 시즈모드는 화포로 생각할 수 있다. 시즈모드는 더욱 길어진 사거리와 강한 공격력을 자랑하나 움직일 수 없는 단점이 있다. 시즈모드로 준비하고 있는 시즈탱크는 공격가능범위에 적이 나타나면 공격한다. 이때 시즈탱크들을 시즈모드로 대기하는 것이 아니라 적이 나타나고 가까워지면 시즈모드로 바꾸어 적을 공격하는 전략이 있다.

　이점으로는 첫째, 시즈탱크들을 같은 시기에 시즈모드로 바꾸고 나면 동시에 공격을 가해 상대의 유닛을 동시에 파괴하여 치료하거

〈독일 PzH 2000(Panzerhaubitze 2000) 자주포 사격 장면〉

나 정비할 수 없게 하여 전투력의 손실을 강요한다. 둘째, 시즈 탱크가 시즈모드로 고정되어 대기한다면, 시즈탱크에 대한 대비를 갖춘 후 재공격을 할 수 있다. 따라서 적이 가까이 접근할 때까지 기다렸다가 시즈모드로 바꾸어 후퇴하는 동안에도 시즈탱크의 공격범위 안에 오래 머물러 더욱 많은 공격을 가할 수 있다. 실제 스타크래프에서는 두 번째 이점 때문에 많이 사용하는 장점이나, 실 전장에서는 첫 번째 이점을 얻고자 실제로 운용하는 전술이다. 바로 TOT 사격이다.

TOT(Time on Target)의 정식 명칭은 동시탄착 사격이다. 적에게 동시에 탄을 탄착시키는 포격술이다. TOT가 얼마나 유효한 공격인지 알아보기 위해 한반도의 상황과 포병에 대해서 조금 더 이해해야 한다. 한반도는 좌우로 좁고 위아래로 길다. 한반도 전체를 바라보면 종심이 깊은 형태이다. 또 동고서저의 지형으로 한반도 기준 우측

절반은 매우 험난한 산악지형을 이루고 있다. 따라서 전차와 보병의 협동공격, 빠른 기습전략을 쓰는 북한 입장에서는 매우 좁은 공간이다. 우리와 북한의 군사력이 이렇게 좁은 정면(적과 접촉하고 있는 면)에 집중되어 있는 것이다. 또, 서울이 군사분계선과 가까이 있기 때문에 북한은 포병전력의 증강을 지속해왔다. 1980년대부터 갱도포병화를 추진하여 포병전력을 갱도 안에 감추어 생존성을 높였다. 또 사거리가 길어 우리의 수도권도 타격 가능한 장사정포(長射程砲)를 다수 도입하였다.

이러한 북한의 포병전력을 무력화하기 위해서 '대화력전' 개념의 전략이 있다. 적 포병의 위치를 파악하여 한·미의 포병, 미사일, 폭격기 등의 화력을 집중 운용하여 적 포병을 무력화하여 포병의 우세를 달성하는 것이다.

포병의 주요 전술 중의 하나는 진지를 옮기는 것이다. 이를 진지변환/전환이라고 한다. 갱도까지는 아니어도 우리 군도 포병의 생존성 보장을 위하여 진지에 포병전력을 보호할 수 있는 구조물을 건설한다. 포병 전투를 하면 대포병 레이더, 적 관측반, UAV, 위성 등 다양한 방법에 의해 위치가 노출되기 때문에 사격을 하고 보조진지로 옮기는 진지변환을 실시한다. 따라서 상대와 우리 포병전력은 사격하고 옮기는 것을 반복하게 되는 것이다. 사격을 하고 진지를 변환하는 것과는 별개로 적 포병에 의하여 먼저 타격을 받으면 위치가 노출된 것으로 볼 수 있기 때문에 진지를 옮겨야 한다. 이때 가장 많이 쓰이는 전술이 바로 TOT, 즉 동시탄착 사격이다.

TOT 사격을 하게 되면 적이 진지를 옮기거나 은엄폐하기도 전에 강한 화력을 한 번에 타격할 수 있다. 실제 전사를 분석해 보면, 포병사격이 시작되고 처음 몇 초 동안 피해가 가장 크고, 이후 은엄폐를 실시하고 난 이후에는 의외로 생존율이 높다. 따라서 처음 몇

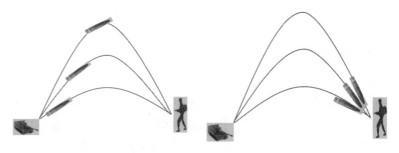

〈시간차로 발사된 3발의 탄약〉 〈동시에 떨어지는 3발의 탄약〉

초에 얼마나 집중하여 사격하는지가 관건인데, TOT 사격이 제격인 포격술이다.

여러 지점에서 한 지점으로 동시에 사격함으로써 적의 대포병 레이더가 처리할 수 없거나 처리하더라도 오차가 생기게끔 유도할 수 있다. 이렇게 사격하면 여러 포탄이 똑같은 곳에 떨어져서 살상 반경 손해를 볼 것으로 생각될 수 있으나, 화포탄은 기상·지형·포신의 태생적인 차이로 필연적으로 오차가 발생하기 때문에, 살상반경 손해를 보지 않고 타격할 수가 있다.

한국군 편제로는 1개 포대(중대)에 6문, 대대에 18문의 화포가 있다. 대대 TOT 사격을 실시하면 적 타격지점에 18개의 포탄이 떨어진다. TOT 사격을 할 때 예하부대에 적의 위치(좌표)와 탄착시각을 통보해준다. 그러면 각 부대는 본인의 화포 및 탄약의 특성을 계산하여 해당 좌표와 시각에 탄이 탄착되도록 사격을 실시한다.

부대급에서 TOT 사격을 가하는 것뿐만 아니라 1문의 화포도 TOT 사격을 할 수 있다. K9 자주포는 포신을 자동으로 움직여 조준하며, 격발도 자동으로 이루어진다. 따라서 적의 좌표만 입력하면 자동으로 TOT 사격을 진행하는데, 고사계(높게) 1발, 중간으로 1발, 저사계(낮게) 1발을 사격하여 3발이 동시에 적을 타격할 수 있게 하는 것이다. 높게 사격한 탄약의 비산시간이 더 길기 때문이다. K9 자주포의 3발로 TOT 사격이 가능하기 때문에, 이론적으로 K9 자주포 10문으로 TOT 사격을 실시한다면, 다른 화포 30문으로 사격을 하는 것과 같은 효과를 볼 수 있다. 이는 적 감시·정찰체계에 혼란을 야기하는 장점도 있다. 포대(중대)급에서 사격했지만 적으로 하여금 사격원점이 대대급이라고 혼란을 주어 판단을 흐리게 할 수 있다.

TOT 사격 개념을 알아보았는데, 정말 좋은 전술이다. 하지만 TOT 사격에도 말 못할 사정은 있다. 포병부대에게 가장 중요한 문제는 탄약 보급이다. 보안상 자세히 기술하긴 어려우나 포병부대는 일정한 작전시간에 사용할 수 있는 탄약의 양이 정해져 있다. 물론 조정할 수는 있으나 쉽지는 않다. 따라서 포병부대 지휘관은 주어진 작전기간 중에 주어진 탄약으로 작전을 이어갈 수 있는지가 중요한 문제이다. 또 전장은 지금 수행하는 작전이 중요하다고 판단되어 다량의 사격을 실시하였는데, 추후 예상하지 못한 더욱 중요한 작전이 생길 수도 있다. 그런데 TOT 사격은 한 지점에 많은 탄약을 소모하는 것이다. 만약 적이 해당 지역을 이탈했거나, 잘못된 좌표를 가지고 사격한다면 많은 탄약을 낭비하게 되는 것이다.

과학기술이 발전되면서 우리가 조금 더 유리한 위치에 있는 것은 사실이다. K9 자주포와 같이 1문으로 TOT 사격이 가능한 자주포는 세계에서도 손에 꼽는다. 자동 사격통제체계, 자주화, 구동장치, 탄 장전장치, 급속사격 등 대부분의 사격 절차가 자동화되어 있다. 이러한 점을 인정받아 여러 국가에 수출하였고, 수출 협의가 진행 중이다. K9 자주포는 군사전문가 및 기관에서 세계 자주포 중 손가락에 꼽는 무기체계이다.

7. VR로 훈련한다고?

최근 VR(가상현실)기술을 활용한 게임이 많이 등장하고 있다. VR은 Virtual Reality의 약자로, 인공적인 기술로 만들어 내어 실제와 유사하지만 실제가 아닌 특정한 환경이나 상황을 사용자에게 제공하는 것이다. VR기술을 세상에 알린 계기는 '포켓몬 고' 게임이다. '포켓몬 고'는 정확히 VR기술이라기보다는 AR기술이다. AR은 Augmented Reality의 약자로 현실의 이미지나 배경에 가상 이미지를 겹쳐 하나의 영상으로 사용자에게 제공하는 것이다. VR기술은 아니지만 이 게임으로 인해 VR기술에 관심을 갖게 된 것은 사실이다.

VR기술은 게임산업 말고도 다양한 산업에서 적용되고 있다. 특히 교육분야에서 활발히 진행되고 있다. 지식을 전달하는 목적의 교육을 넘어서 직접 체험해야 하는 교육기관에서 많이 적용된다. 군에서도 VR기술을 활용한 교육체계를 적용하고자 노력하고 있다. 이미 교육현장에 들어온 장비도 있고 여러 분야에서 활발하게 적용되고 있다. VR기술은 군 교육훈련에서 좋은 효과를 나타내는데, 이는 군 교육훈련의 특성을 살펴보면 이해가 쉽다.

〈머리 부착형 VR장비〉

[◆] 군 교육훈련의 특성

1. 제대별 전술훈련을 위해서는 일정 공간이 필요함.
2. 실제 전장과 같은 환경 조성이 현실에서는 불가능에 가까움.
3. 보통 훈련의 목적은 반복적인 훈련을 통한 체득화이며 이에 따른 준비요소와 예산이 투입된다.
4. 장비조작 및 정비훈련을 위해서는 해당 무기체계, 정비용 장비·공구 등 고가의 물자가 필요함.

위의 특성에 대해 현재 어떠한 문제점이 있고 어떻게 VR기술로 해결 가능한지 알아본다.

1. 제대별 전술훈련을 위해서는 일정 공간이 필요하다. 30명 규모인 소대급 방어훈련만 해도 가로×세로 수십~수백 미터의 공간이 필요하다. 공격훈련에는 더욱 넓은 공간이 필요하다. 효과적인 훈련을 위

해 도시지역, 산악지형, 평야지역, 북한지역 등 다양한 공간을 묘사해야 한다. 그러나 현실은 군부대에 인접한 여러 지역에서 군 훈련장 철수를 요구하고 있다. 통계청 인구총조사 결과에 따르면 대한민국은 세계 10위권 초반의 인구밀도를 보이고 있다. 미군은 훈련장에서 화포사격을 하면 피탄지(탄이 떨어지는 지역)가 같은 훈련장에 있다. 화포의 사거리는 보통 수십 km이다. 하지만 우리는 훈련장을 아무리 잘 선정한다 하더라도 주위에 민가가 있고 소음, 진동 등 피해가 가는 것이 사실이다. 따라서 야전부대는 훈련 전 지방자치단체나 지역 유지들과 협의하느라 노력을 할애하고 있으며, 무엇보다 실질적인 훈련 진행이 힘들다. 이러한 문제점을 VR기술 속 가상공간에서 해결할 수 있을 것이다.

2. 실제 전장과 같은 환경 조성이 현실에서는 불가능에 가깝다. 적으로 가장한 대항군과 마주쳐도 공포탄으로 교전하는 것이 대부분이다. 교전이 끝나면 훈련통제관이 인접하여 양측에 사망자와 부상자를 지정해준 후 훈련이 진행된다. 각 전투원의 전투능력이 교전 결과에 반영되지 않는 것이다. 실제 전장과 같은 몰입감이 떨어진다. 일부 부대에서 개인 훈련 간 스피커를 통해 전장소음(포탄, 기관총 사격소리 등)을 틀어주기도 하지만, 다소 부족한 것이 사실이다. 무엇보다 각 병과의 부대들이 유기적으로 전투하는 제병협동이 원활하지 않다. 제병협동의 기본 중의 기본은 기동부대(주로 보병)의 화력지원(포병, 육군항공)이다. 기동부대가 적의 위치를 식별하여 화력지원을 요청하면 포병부대는 실제 사격을 하지 않고 사격하는 절차만 수행하는 비사격훈련을 하는 것이 대부분이다. 따라서 기동부대는 화력요청을 한 이후에 얼마만에 포병사격이 이루어지는지, 포병사격에 의한 적 피해는 어떤지 경험적으로 체득할 수 없는 것이다. 이 또한

VR기술 속 가상현실에서는 제한 없이 구현 가능하다.

3. 보통 훈련의 목적은 반복적인 훈련을 통한 체득화이다. 당연히 부대 입장에서 훈련은 부대의 작전계획을 검증하고 발전시키며 부대 간의 유기적인 소통을 확인하고 C4I체계(지휘, 통제, 통신, 컴퓨터, 정보의 영문 머리글자를 딴 말로, 전술지휘자동화체계)를 구축하는 등 다양한 목적이 있다. 그러나 각 전투원 입장에서 훈련의 목적은 체득화이다. 본인의 직책에서 각 국면마다 수행해야 하는 전투행동을 숙달하는 것이다. 따라서 훈련을 자주 할수록 각 개인의 전투력 상승을 꾀할 수 있다. 그러나 훈련을 자주하면 훈련 전 준비사항과 훈련 후 정비사항으로 각 개인의 피로도가 증가한다. 부대의 역할과 특성에 따라 달라지겠지만 대부분의 부대는 훈련을 위해 훈련 전·후로 많은 노력이 소모되는 것도 사실이다. 이러한 문제점을 VR기술로 해결

〈미군 DSTS〉

할 수 있다. VR기술을 활용한 훈련체계를 갖추면 별다른 노력의 소모 없이 가상현실에서 언제나 자유롭게 훈련할 수 있다.

1, 2, 3번의 특성에 따른 문제점을 살펴보았는데 대부분 전술훈련에 관련된 특성이었다. 이를 해결할 수 있는 예시로, 미군은 DSTS (Dismounted Soldier Training System)을 개발하여 훈련에 적용하고 있다. 이 장비는 각 개인으로부터 분대에 이르는 팀 단위 훈련이 가능하며 공격, 방어, 도시작전 등 5개의 작전형태를 훈련할 수 있다. 훈련체계를 작동하기 위하여 개인에게 필요한 공간은 $1m^2$, 분대는 $16m^2$뿐이다. DSTS의 각 장비를 몸에 착용하여 훈련하는데, DSTS는 계단을 오르내리거나 사격자세, 포복자세 등 전투행동을 모두 구현하고 있다. 미군은 DSTS로 분대의 전투능력을 향상시키고 각 전투원은 상황에 따른 개인의 대응능력을 향상시키는 데 중점을 두고 있다. 훈련을 마치면 각 전투원의 행동을 모두 데이터화하여 강평하고 지도할 수도 있다.

〈미군의 VBS 체계〉

두 번째 예시는 미군의 VBS체계이다. VBS체계는 신체에 착용하는 형태는 아니나 개인의 신체조건(신장, 체중 등), 체력 결과, 사격결과를 컴퓨터 아바타에 입력하여 컴퓨터로 전술훈련을 하는 체계이다. 체력수준이 낮은 병사의 아바타는 조기에 피로를 느끼고 사격결과에 맞추어 명중률이 계산되는 모델링이다. 또 VBS체계에서는 미군이 보유하고 있는 대부분의 화기가 시뮬레이션 가능하다.

4. 장비조작 및 정비훈련을 위해서는 해당 무기체계, 정비용 장비·공구 등 고가의 물자가 필요하다. 군에 있는 교육기관에서는 장비조작 및 정비훈련을 위해 무기체계를 따로 보유하고 있다. 수천만 원에서 억단위가 넘는 장비들이 전투현장이 아닌 교육현장에 있는 것이다. 효과적인 교육을 위해서는 실장비가 있어야 하지만 VR교육체계를 통해 교육을 위한 장비의 대수를 최적화할 수 있을 것이다.

우리 군도 VR시스템을 활용하여 훈련을 진행하고 있다. 육군사관학교는 SKT기업과 함께 VR, AR기반 통합전투훈련체계를 구축하고 있으며, 육군 교육사령부 예하 포병학교, 기계화학교, 군수학교에서 VR체계를 활용한 합동화력 시뮬레이터, 전차 조종, 장비 정비 등의 훈련을 진행하고 있다. 특전사에서는 고공강하 훈련을 위해서는 항공기에 탑승해야 하는 제약조건이 있었는데, 고공강하 조종술 시뮬레이터로 훈련 진행하고 있다. 특전사 전투력회복센터에서는 VR기반 재활운동 시스템을 도입하여 육체적 활동이 많은 특전사 요원의 건강을 책임지고 있다.

8. 다이빙이 특수부대의 기술?

　영화에서 약방의 감초처럼 등장하는 특수부대의 존재감은 강렬하다. 근육질의 사나이들이 이동하면서 멋진 전투기술을 보여주고, 일당백의 전투장면을 많이 연출한다. '액트 오브 밸러: 최정예 특수부대'에서는 특수부대 출신의 연기자들이 출연하여, 낙하산을 메고 뛰어내리거나 해상침투, 특수작전 등 다양한 작전을 사실감 넘치게 보여준다.

〈영화 '트랜스포머'의 특수부대 모습〉

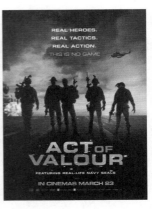
〈영화 '액트 오브 밸러'의 포스터〉

<스카이다이빙>　　　　　　　　<스쿠버다이빙>

　　현대전도 정규전보다는 특수부대를 활용한 특수작전과 민간인
과 전투원을 구분하기 힘든 비정규전의 모습이 지속적으로 나타나고
있다. 비정규전의 핵심인 특수부대는 소수정예지만 그만큼 개개인의
전투력이 뛰어나기에 소수가 침투하더라도 전략적인 목표물을 타격
하거나, 주요 인물을 암살하는 등 적에게는 상당히 위협적인 존재다.
　　특수부대가 작전지역으로 이동하는 전투기술은 다양하다. 육상,
해상, 공중으로 침투하는 방법이 있는데, 화려하고 멋있는 공중침투
와 해상침투의 방법과 원리를 알아보자.
　　육군에서는 특수전사령부의 특전사 요원들이 다양한 임무를 수
행하고 있다. 특전사 요원들은 공중 및 해상 침투를 위한 훈련을 정
기적으로 하는데, 이들이 하는 공중 및 해상 침투에는 모두 'Diving'
이라는 용어가 들어간다. 높은 하늘에서 뛰어내리는 것은 스카이다
이빙(Sky-Diving), 깊은 바다를 향해 잠수하는 것은 스쿠버다이빙
(Scuba-Diving)이라고 한다. 스카이다이빙, 스쿠버다이빙이라 하면
활동적인 스포츠 분야로 더 잘 알려져 있는데, 기본적인 방법이나
원리는 동일하지만 목숨을 걸고 침투하는 활동과 취미생활로 하는
활동은 차이가 있다.
　　먼저, 스카이다이빙이다. 공중침투에는 기본적인 일반강하(Military

〈일반강하〉

〈HALO Jump〉

〈HAHO Jump〉

Jump), HALO, HAHO가 있다(이 밖에도 패러글라이딩이나 윙슈트 등을 이용하는 경우도 있다). 일반강하는 낙하산을 펼쳐주는 생명줄을 기체 (機體)에 고정하고 항공기에서 뛰어내리기만 하면 자동으로 낙하산이 개방되는 형태이다. 또한 강하 고도가 상대적으로 높지 않은데, 보통 낙하산이 펼쳐지는 시간을 고려하여 낙하산 개방 최소고도보다 더 높은 곳에서 강하한다.

　　HALO(High-Altittude Low Open)는 일반강하와는 달리 낙하산 개방을 개인이 직접 해야 하고, 자유낙하 중에 일정 고도가 되었을 때 낙하산을 개방하는 방식이다. 일반강하보다 더 높은 고도에서 강하하기에 상대적으로 은밀하고 항공기의 생존성도 더 높다.

〈낙하산의 구멍(기공)〉

HAHO는 High Open으로 HALO와 유사하게 높은 고도에서 강하하지만 상대적으로 자유낙하를 짧게 하고 높은 고도에서 일찍 낙하산을 개방하는 방법이다. HAHO는 낙하산을 일찍 개방하기 때문에 공중에서 머무는 시간이 늘어나고 공중침투 거리도 늘어난다.

이 세 가지 방법은 자유낙하와 낙하산을 이용한 침투 방법이라는 공통점이 있으면서도 낙하산 개방 방법과 개방 시기의 차이점이 있음을 알 수 있다.

그렇다면 낙하산을 펼치지 않는 자유낙하와 낙하산을 펼친 낙하의 차이는 무엇일까?

자유낙하는 중력가속도를 그대로 받는다. 자유낙하의 경우 번지점프를 하거나 높은 건물에서 물건을 아래로 던졌을 때와 동일하다. 따라서 바람의 영향을 크게 받지 않고 수직으로 하강하게 된다.

낙하산을 펼친 낙하의 경우, 낙하산의 공기층으로 인해 상대적으로 천천히 떨어지게 된다. 마치 풍선처럼 떠 있는 것과 같은데, 낙하산이 커질수록 공기저항이 커지므로 천천히 떨어지게 된다. 그러나 낙하산이 일정 크기 이상이면 제어하기 어렵고 바람의 영향으로 하늘로 떠오를 수도 있다. 군사용으로 사용하려면 무게와 부피를 고려해야 하기에 낙하산이 크다고 좋은 것만은 아니다.

낙하산에는 일부러 공기구멍(기공)을 뚫어놓았는데, 이는 낙하산의 공기저항을 조절하는 데 중요한 역할을 한다. 공기는 대류현상으로 위아래로 움직이는데, 기공을 통해 위로 올라가는 공기가 지나간다. 기공과 연결된 낙하산 조종줄을 가만히 두거나 잡아당겨 기공의 크기를 조절하여 공기저항을 높이거나 줄임으로써 낙하속도 조절이 가능하다.

또한 조종줄을 잡아당김으로써 낙하산의 좌우 이동이 가능해진다. 오른쪽을 잡아당기면 오른쪽 기공이 닫히면서 왼쪽으로만 공기가 빠져나가 왼쪽에 힘이 발생하여 오른쪽으로 회전하게 된다. 이를 이용해 낙하지점을 조절할 수 있다.

낙하산이 개방되면 수직낙하 속도는 줄어드는 대신에 바람의 영향을 많이 받기 때문에 수평이동 속도가 늘어난다. 따라서 공중침투를 할 때는 해당 장소의 기상, 특히 바람이 가장 중요한 요소이다.

바람의 속도가 일정 속도 이상이면 항공기에서 이탈하는 과정에서나 낙하산이 개방되는 과정에서 문제가 생길 수 있고, 고도마다 다른 바람의 방향과 속도 때문에 목표 강하지점에 착륙하는 데 제한이 생길 수 있다.

다음은 스쿠버다이빙이다. 스쿠버(SCUBA)는 Self-Contain Underwater Breathing Apparatus의 머리글자를 딴 것이다. 흔히 '스킨스쿠버'라고 하는데, 이는 잘못된 표현이다. 스킨다이빙은 장비 없이 맨몸으로 잠수하는 것으로 '프리다이빙'이라고도 하며, 스쿠버다이빙은 공기통과 같은 장비를 착용하고 잠수하는 것이다.

스쿠버다이빙의 장비에는 개방회로와 폐쇄회로 장비가 있다. 개방회로 장비는 일반인에게 잘 알려진 다이빙 장비로, 공기를 내뱉으면 공기방울이 수면 위로 올라가는 장비이다. 폐쇄회로 장비는 내뱉는 공기를 재활용해서 공기방울이 수면으로 올라가지 않는 장비로,

〈개방회로 다이빙 장비〉　　　　　〈폐쇄회로 다이빙 장비〉

주로 군사용으로 사용된다.

　　개방회로와 폐쇄회로를 좀더 비교하면, 개방회로는 폐쇄회로에 비해 더 깊은 곳까지 잠수할 수 있지만 제한된 공기량으로 인해 잠수시간이 짧고 혈액 속의 질소기체가 배출되는 데에 시간이 필요해 잠수병에 걸릴 위험성이 있다. 폐쇄회로는 내뱉은 이산화탄소를 다시 산소로 바꿔주는 화학물질을 지니고 있어서 잠수시간은 길지만, 깊은 곳까지 잠수하기에는 제한되고 산소독성에 노출될 위험이 있다. 특전사 요원들은 상황에 맞게 개방회로나 폐쇄회로 다이빙 장비를 사용하여 은밀하게 침투한다.

　　부력에는 양성, 중성, 음성 부력이 있는데, 양성부력은 물 위로 떠오르려는 부력 상태이고, 중성부력은 떠오르거나 가라앉는 게 아니라 잠수함처럼 제자리에 가만히 있는 부력 상태이며, 음성부력은 가라앉으려고 하는 부력상태를 의미한다.

　　잠수함은 요원들이 직접적으로 바닷물과 접촉하지 않기 때문에 수온의 영향이 크게 없으나, 실제 잠수하는 요원은 직접 수온에 노출되기 때문에 수심에 따른 수온을 반드시 고려해야 한다. 그렇지 않으면 저체온증에 노출될 수 있기 때문에 요원들은 잠수복을 입는다. 잠수복이 두꺼우면 따뜻한 대신 부력이 커져 양성부력이 되어 잠수에

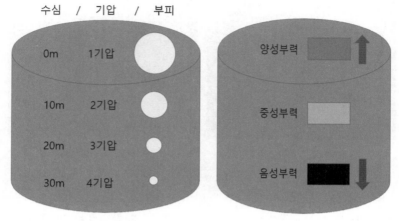

수심 / 기압 / 부피

0m	1기압
10m	2기압
20m	3기압
30m	4기압

양성부력

중성부력

음성부력

〈수심과 기압, 부피의 관계도〉　　〈양성·중성·음성 부력 관계도〉

제한이 있다. 부력을 조절하기 위해 군장이나 장비, 납덩어리 등을 착용하고 원하는 수심까지 내려가는 음성부력을 만드는 데 도움을 준다. 그리고 특정 수심을 유지하기 위해 공기를 넣었다 뺐다 할 수 있는 조끼를 착용하고, 조끼에 공기를 주입하여 중성부력이나 양성부력으로 만들어 침투하거나 수면으로 올라올 수 있게 조절한다.

　　잠수 요원들은 잠수병과 산소독성에 유의해야 한다. 잠수병을 이해하기 위해서는 온도가 일정할 때 기체에 압력을 가하면 부피가 줄어드는 '보일의 법칙'을 이해하면 된다. 우리가 수면에 있을 때는 1기압이지만, 약 10m를 잠수하면 2기압이 된다. 이렇게 10m씩 수심이 깊어질 때마다 1기압씩 증가한다.

　　사람은 호흡하여 산소와 질소를 혈액으로 녹이는데, 산소는 각 기관으로 전달되고 질소는 호흡을 통해 자연스럽게 배출된다. 잠수해서 기압이 높아진 상태라면 어떻게 될까?

　　개방회로 공기통에는 산소 20%와 질소 80%가 들어 있다. 문제는 질소다. 기압이 높아졌기 때문에 '보일의 법칙'에 따라 산소와 질소의 기체 크기가 작아지고 더 많은 산소와 질소가 혈액으로 들어가게 된다. 높은 기압 때문에 더 많이 흡입된 작은 질소 기체들은 호흡을 해도 일부가 배출되지 못한 상태로 여전히 혈액에 남아 있게 된다. 문제는 잠수하고 난 뒤 수면으로 올라갈 때 발생한다. 수심이 얕아지면서 기압이 낮아지고 혈액에서 배출되지 못하고 남아 있는 질소의 부피가 커진다. 이때 호흡으로 질소를 배출하지 않고 갑작스럽게 수면으로 올라가면 혈액에 있는 질소가 커지면서 질소 기포들이 혈액순환을 방해하고, 심한 경우에는 혈관이 터져 죽음에 이르게 할 수 있다. 이를 잠수병이라고 한다.

잠수병을 예방하려면 수심 10m마다, 즉 기압이 달라지는 지점마다 중성부력을 이용해 호흡하며 체내 질소를 배출해야 하고, 체내 질소기체가 커지지 않게 천천히 수면으로 향해야 한다. 이렇게 안전하게 잠수를 끝내도 체내 질소기체가 완벽하게 배출된 게 아니기 때문에 나와서도 휴식해야 한다. 잠수를 여러 차례 하면 혈관 내 질소기체가 쌓여서 잠수병의 위험이 있다.

잠수 이후 12시간 또는 24시간 이내에 비행기를 타거나 산을 오르거나 해서 기압이 낮아지면, 1기압 때보다 기체가 더 커질 수 있기 때문에 유의해야 한다.

폐쇄회로의 경우 희석제와 100% 산소로 호흡하게 되는데, 질소가 없기 때문에 잠수병에 걸릴 위험은 거의 없지만 날숨으로 인한 이산화탄소가 재사용되어 산소로 바뀌기 때문에 산소들이 체내에서 불포화 지방산 및 효소들을 산화시키는 독성을 일으키게 된다. 이런 독성은 폐나 중추신경계에 직접적으로 영향을 주고, 호흡곤란, 폐부종, 시각장애, 현기증, 발작까지 일으키기에 수중에서는 무척 위험하다.

폐쇄회로 장비에 문제가 생겨 날숨으로 발생한 이산화탄소를 지속적으로 호흡하면 이산화탄소나 일산화탄소 중독으로 현기증, 호흡곤란, 마비나 혼수 등이 발생할 수 있다. 장비도 꼼꼼히 확인해야 한다.

지금까지 스카이다이빙과 스쿠버다이빙에 대해 알아보았다. 다이빙이 어떤 방법과 원리로 훈련하고 침투하는지를 알면, 영화를 더 재미있게 볼 수 있다. 또한 취미 생활을 즐기는 사람이나 앞으로 경험해볼 사람에게도 유익한 정보가 되었기를 희망한다.

9. 전우를 살리자!

　　스티븐 스필버그 감독의 영화 '라이언 일병 구하기'는 전쟁영화의 교과서 같다고 한다. 그만큼 전투 장면을 사실적으로 묘사했기 때문이다. 재미있는 사례로 제2차 세계대전 당시 노르망디 상륙작전에 참전했던 베테랑은 시사회 뒤에 상륙장면이 당시 상황과 너무 유사해 외상 후 스트레스장애(PTSD)를 겪으며 고통스러워했다고 한다.

　　'라이언 일병 구하기'에서 다양한 전투장면을 실감나게 표현했지만, 무엇보다 '전술적 사상자 처치(TCCC)'를 설명하기에 좋은 장면이 있다.

　　상륙작전 장면에서 독일군의 MG42 기관총과 박격포, 포병 화력 등에 피해를 입는 미군들이 잘 표현되어 있다. 절단된 팔을 들고 돌아다니며 정신줄을 놓은 전투원, 부상당한 전투원을 끌고 해안가로 이동하는 도중 폭발로 부상당한 전투원의 하반신이 날아간 경우, 부상당한 전투원을 의무병이 치료하는데 총알이 날아와 죽은 전투원, 많은 사상자 사이를 군의관과 의무병들이 돌아다니며 방치할지 치료할지 판단하는 장면 등이 응급처치의 중요성을 보여줌과 동시에 '과연 이런 상황에서 어떻게 응급처치할 수 있을 것인가?' 하는 질문

〈영화 '라이언 일병 구하기' 포스터 및 전투 장면〉

도 던져주고 있다.

또한 라이언을 구하기 위한 분대급 TF(Task Force, 특수임무대)에서 1명밖에 없는 의무병이 부상당했을 때, 응급처치를 할 줄 모르는 다른 전투원의 모습을 보며 '군의관이나 의무병이 없더라도 부상당한 전우에게 제대로 된 응급처치를 할 수 있을까?' 하는 반성을 하게 하는 장면이 있다. 동료가 적 저격수의 공격에 의해 부상을 입었지만, 적 저격수가 계속 조준하고 있기에 부상당한 동료를 구출하지 못하는 장면에서는 '전우가 저렇게 쓰러져 있다면 어떻게 행동해야 할까?' 라는 생각도 하게 된다.

이런 장면은 군인들에게 많은 것을 시사한다. 부상당한 전투원이 있는데 적의 공격이 계속될 때 어떻게 조치할 것인가? 부상당한 인원에게 응급처치는 제대로 할 수 있는가? 한다면 무엇을 해야 하는가?

군뿐만 아니라 119응급구조대에도 응급처치를 기본적으로 많이 사용한다. 전술적 사상자 처치를 언급하기 전에 응급처치와 비교할 필요가 있다. 응급처치와 전술적 사상자 처치(TCCC)는 어떻게 다를까? 응급처치는 부상을 입은 사람과 이를 처치하는 사람이 단순히 치료상황과 조치사항을 설명한다. 반면에 전술적 사상자 처치는 상황 이해와 판단, 평가 및 통제를 가장 먼저 해야 하고, 이를 바탕으

〈119 구급대원들의 응급처치 훈련〉

로 응급처치 단계와 후송하는 단계까지 포함하기에, 전술적사상자
처치가 더 포괄적인 개념이다.

　　건물에 화재가 발생해서 사람들을 구한 뒤 응급처치하는 상황이
라고 가정해보자. 응급처치는 단순히 화재 현장에서 구출된 사람들에
대한 화상 처치, 일산화탄소로 인한 호흡곤란 환자 처치 등을 나열할
수 있다. 반면에 전술적 사상자 처치의 경우 화재 상황에서는 환자에
게 즉각적으로 치료를 제공할 수 없다. 화재로 인해 건물이 무너질
수도 있고, 지속적으로 불이 번지거나 일산화탄소에 노출될 수 있기
에 치료를 제공할 수 없다. 화재 현장을 통제하거나 화재 현장에서
벗어나야 하기 때문이다. 이렇게 TCCC는 포괄적인 응급처치라고 볼
수 있다.

　　이런 사건 사고는 일상생활에서도 일어날 수 있지만, 전장 상황이
라면 더 위험하고 촉박한 상황이 발생할 수 있다. 만약 전투에서 군인
이 부상을 입는다면 가장 좋은 조치는 병원으로 후송해 좋은 의료시설
에서 진료를 받는 것이지만, 전장 상황은 그렇게 간단하지 않다.

전장에서 군인을 후송하는 것은 현재의 전투상황, 병원까지의 거리와 시간, 후송 수단 등을 고려하면 골든 아워(golden hour)를 놓칠 가능성이 아주 높다. 실제 전상자를 제외하고, 살릴 수 있었던 대량출혈, 기흉, 기도의 손상 혹은 폐색 상황 모두 골든 아워 이내에 적절한 응급조치를 했다면 사망으로 이어지지 않고, 차후에 병원으로 후송하면 살릴 수 있던 상황이었다고 한다.

베트남전에서는 예방 가능했던 사망이 14%, 이라크 및 아프간 전에서는 21%였다고 한다. 응급처치를 어떻게 하는지 알았더라면 많은 인원이 전장에서 사망하지 않았을 것이다. 현대전에는 전장에서만 부상을 입는 게 아니라, 민간인이 있는 곳에서도 사고가 발생하여 부상을 입을 가능성이 있다. 자연재해, 예기치 못한 사고, 테러 등이 발생했을 때 병원에 갈 시간과 거리, 수단 등의 문제 때문에 신속하고 적절한 응급처치는 군인만의 전유물이 아님을 알 수 있다.

미군도 전술적 상황에서 부상자를 응급처치를 실시하는 '전술적 사상자 처치'(Tactical Combat Casualty Care, TCCC) 가이드라인을 시행하기 시작했다. 시행 전에는 일반적인 미군의 전투 사망자 중 예방 가능한 병원 전 단계의 사망률이 24%에 달했으나, TCCC를 적용한 75레인저 연대는 0%였다고 한다.

따라서 '응급처치'도 알아야 하지만, 전술적 사상자 처치 이해가

⊕ 전투사례별 예방 가능한 사망률

전투사례	예방 가능한 사망률
베트남전	14%
이라크 및 아프간 전	21%
일반적인 미군의 전투 중 사망자	24%
75레인저의 TCCC 적용 시	0%

필요하다.

전장에서는 개인화기뿐만 아니라 포탄이나 폭탄, 수류탄 등의 폭발로 화상, 손상, 건물이 무너지는 등 다양한 상황이 발생할 수 있고, 이에 따른 다양한 부상이 발생할 수 있다. 전장에서는 '적'이라는 존재와 '위협'이라는 변수가 존재하기에 이를 반드시 이해해야 나뿐만 아니라 전우를 살릴 수 있다.

전술적 사상자 처치의 목적은 세 가지이다. 부상을 입은 전우나 이미 사망한 전우를 처치하는 것이 1번, 추가적인 사상자가 발생하지 않도록 예방하는 것이 2번, 마지막으로 임무를 완수하기 위함이 그 목적이다.

전술적 사상자 처치의 1단계는 교전 중 처치, 2단계는 전술적 현장 처치, 3단계는 전술적 후송 처치로 나뉜다. 해당 부대의 전투요원들이 직접 처치해야 하는 단계는 2단계까지이며 이후 의무요원에 의해 후송될 때, 전투요원들은 안전보장을 위해 경계를 제공한다.

먼저 TCCC의 1단계, '교전 중 처치'이다. 1단계에서 가장 좋은 처치법은 '강력한 화력'이다. 부대원 중에 부상자가 생겼을 때 가장 중요하고 먼저 해야 될 일은 부상자 후송이나 치료가 아니라, '강력한 화력'을 바탕으로 상황을 통제하는 것이다. 주변의 적을 격멸하거나 제압하여 후송할 환경을 조성하는 것이다.

이때 부상자를 제외한 나머지 인원은 대응사격 또는 은엄폐를

전술적 사상자 처치(TCCC) 목적 및 방법

전술적 사상자 처치(TCCC) 목적	전술적 사상자 처치(TCCC) 방법
사상자 처치 추가 사상자 발생 예방 임무 완수	교전 중 처치(Care Under Fire, CUF) 전술적 현장 처치(Tactical Field Care, TFC) 전술적 후송 처치(Tactical Evacuation Care, TEC)

〈영화 '라이언 일병 구하기'의 상륙장면에서 의무병들이 치료하는 모습〉

실시해 '강력한 화력'을 제공해서 상황을 통제해야 하고, 부상자는 가능하다면 함께 전투에 참여하거나 은엄폐 있는 곳으로 움직이거나 움직일 수 없다면 개인응급키트를 활용해 응급처치를 해야 한다.

만약 상황통제가 되지 않은 상태에서 부상자를 치료하거나 후송하려고 하면 어떻게 될까? 추가적인 피해가 발생할 수 있다. 단순하게 계산해서 부상자 1명이 발생하면 부축할 인원이 1명 이상 필요하기 때문에 전투력 측면에서는 2명 이상이 이탈하게 된다. 이런 상황에서 추가적인 피해가 발생하면 단순 2명 이상의 부상자가 아니라 이들을 후송하기 위한 인원이 2배로 늘어나기 때문에 분대 전체가 고립되거나 임무수행이 불가능할 수 있다. 따라서 1단계에서는 '강력한 화력'을 바탕으로 상황을 통제해야 한다.

1단계 교전 중 처치를 '라이언 일병 구하기'에 접목해서 생각해보자.

상륙 작전 당시 의무병들이 해변에서 부상병을 치료하는 장면은 올바른가? 아니다. 적의 공격은 상륙하는 부대에 지속되고, 화력에 의한 폭발도 지속적으로 발생하기에 의무병들이 현장에서 부상병을 치료하는 것은 의무병까지 부상을 입어 추후 작전에 참여하지 못하는 전투력 손실로 이어질 수 있기에 잘못됐다. 차라리 부상병을 은엄폐할 수 있는 곳까지 끌어낸 다음 응급처치를 해야 한다.

반면에 적의 저격수에게 공격당한 빈 디젤을 방치하는 장면은 TCCC를 잘 적용한 장면이다. 적의 저격수 때문에 상황이 통제되지 않았고, 위협은 존재하기에 빈 디젤을 구하려고 다가갔다가는 그 인원도 부상을 입고 추가적인 부상자가 발생하여 최종적으로 라이언 일병을 구하기는 실패했을 것이다. 은엄폐하고, 적 저격수를 제압해 위협을 제거하려는 다른 전투원들의 노력은 제대로 되었고, 빈 디젤은 현장에서 벗어나려고 아군 쪽으로 기어갔어야 한다.

TCCC의 2단계는 전술적 현장 처치다. 전술적 현장 처치는 이미 상황 통제 가능한 상태로 적의 위협이 줄어들었거나 상대적으로 안전한 곳으로 이동하였을 때를 의미하고 의무병들의 제대로 된 응급처치를 시작하는 단계이다.

미군에서는 2단계 때 시행해야 하는 것을 행군(March)과 같은 뜻인 M.A.R.C.H.로 암기하면서 시행하고 있다. M.A.R.C.H.는 Massive bleeding(대량출혈), Airway(기도), Respiration(호흡기), Circularion(혈

[✚] TCCC 2단계 전술적 현장 처치 다섯 가지(M.A.R.C.H.)

1. 대량출혈 (Massive bleeding)	지혈대, 지혈제, 컴뱃거즈, 드레싱, 직접압박
2. 기도(Airway)	코인두기두기, 입인두기두기, 반지방패연골절개술
3. 호흡(Respiration)	긴장성 공기가슴증, 바늘감압, 개방성 공기가슴증, 폐쇄드레싱
4. 혈액순환(Circulation)	정맥 주사, 골내 주사, 근육 주사, 수액
5. 저체온증(Hypothermia)	저혈성 쇼크, 혈액 응고장애, 덮을 것

〈TCCC를 하는 모습〉

액순환), Hypothermia(저체온증)의 머릿글자를 딴 것으로, 이 다섯 가
지를 우선적으로 확인한 후 상황에 따라 추가적인 조치를 시행한다.

첫째, 대량출혈은 생명에 가장 위협이 되는 요인이기 때문에 1
단계에서 부상자에 의해 지혈돼 있는 게 가장 좋고, 만약 돼 있다면
제대로 된 지혈상태인지 재평가하면서 미확인 출혈 부위가 있는지
확인하고 추가지혈을 해야 한다. 지혈이 되지 않았다면 부상자의 옷
을 벗겨 출혈 부위를 확인하고 지혈을 실시한다.

팔다리는 출혈이 있는 부위 5~8cm 위쪽에 지혈대를 착용하고,
지혈이 제대로 되지 않으면 상부에 지혈대를 1개 더 착용할 수 있
다. 지혈대를 부착하면 손상 부위에 혈액이 공급되지 않기 때문에
압박에 의한 통증이 발생하거나 최악의 상황에는 손상부위를 절단해
야 될 수 있으나, 그렇다고 지혈대 압박을 느슨하게 하거나 제거하
다가 다시 출혈해 사망에 이르게 할 수 있기 때문에 제대로 된 의무
시설에 도착하지 않는 이상 2시간 이내에 지혈대를 풀지 않도록 해

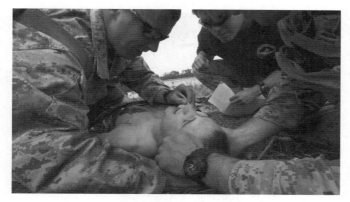

〈기도기를 삽입하는 모습〉

야 한다.

팔다리는 지혈대로 지혈 가능하지만, 가슴이나 복부 출혈은 지혈제와 거즈로 최대한 출혈을 막아야 한다. 거즈를 손상 부위에 삽입한 이후 3분 이상 직접 압박해야 하고 최대한 빨리 후송해야 한다.

사람의 몸에는 4~5,000mL의 혈액이 흐르는데, 허벅지와 같이 근육이 많고 혈액이 많은 곳에 출혈이 발생하면 3분 만에 사망할 수 있다. 골반의 경우에도 출혈이 1,500~2,000mL에 달하면서 지혈도 쉽지 않기에 치명상이 될 수 있다.

둘째, 기도의 경우에는 얼굴에 부상이 발생해 기도가 폐쇄되거나 손상되어 호흡이 힘든 경우를 말한다. 먼저 부상당한 인원의 턱을 들어올려 기도를 개방해 숨을 쉴 수 있게 도와줘야 한다. 자발적으로 호흡이 가능하면 코에 기도기를 삽입해서 호흡을 유지해주는 것이 좋고, 자발적인 호흡이 불가능하면 기도에 기도기를 삽입해 호흡을 유지해주는 것이 좋다.

전장에서 얼굴에 부상을 입은 경우, 입이나 코가 제 역할을 못하거나 과다 출혈로 기도를 막을 수 있다. 기도가 폐쇄되기 전에 부

〈바늘 감압술을 하는 모습〉

상자를 앉히거나 부상자가 호흡하기 편한 자세를 취할 수 있도록 도와줘야 한다.

외적으로는 이상이 없는데도 기도가 망가져 숨을 쉬기 어려운 경우도 있다. 화생방 공격, 폭발이나 화재로 인한 화상으로 기도가 손상될 수도 있기 때문에 이럴 때는 기도에 구멍을 내 숨을 쉬는데 도움을 줘야 한다.

이렇듯 다양한 상황이 있기에 부상자가 호흡에 문제가 없는지 명확히 관찰하고 판단해서 조치해야 한다.

셋째, 호흡은 기도로 인한 부분이 아니라 부상자가 총에 맞아 관통상을 입은 경우에 대한 처치다. 관통상으로 인한 호흡곤란은 주로 폐와 관련 있다. 호흡하는 과정은 입이나 코로 공기를 들이마시는데, 공기는 기도를 통해 폐로 들어가게 된다. 폐는 자체 근육이 없는 풍선 같은 조직이기에 폐 아래 있는 횡격막이 아래위로 움직이며 압력을 조절하면서 공기를 들이마시거나 내뱉게 된다.

그런데 갈비뼈가 부러지면서 폐를 눌러 폐가 제대로 움직이지 못하거나, 가슴에 관통상을 입어 폐에 손상을 입으면 기흉의 증상과

〈TCCC를 하고 있는 모습〉

비슷하게 숨을 잘 쉬지 못하게 된다. 단순히 숨을 잘 못 쉬는 것이라 이해할 수 있지만, 호흡장애가 발생하면 몸은 호흡으로 제공받는 산소를 제대로 받지 못한다. 산소가 부족해져 호흡은 빨라지지만 산소를 제대로 제공받지 못할 가능성이 높다. 그러면 인체 내부 산소포화도가 낮아지고 산소가 제대로 공급되지 않은 신체는 쇼크나 외상성 심정지까지 이어질 수 있기에, 이런 환자를 방치하면 쇼크로 정신을 잃거나 사망할 가능성이 높다.

따라서 부상자의 상태에 따라 바늘 감압술을 시행하거나, 가슴벽을 관통하는 경우에는 관통 부위를 막아 외부에서 들어오는 공기를 막아주는 처치를 해야 한다.

넷째, 혈액순환은 부상을 입은 전투원이 지혈이 잘 되고, 기도와 폐 등 호흡에도 문제가 없는 경우에 해당되는데, 어쨌든 부상을 입으면 어느 정도의 출혈이 있을 수밖에 없다. 따라서 출혈이 있는 부상자에게 수혈하는 것이 가장 좋지만, 모든 혈액형의 수혈팩을 들고다니기에는 제한이 되기 때문에 혈액과 비슷한 수액을 주사하여 혈액을 보충하는 역할을 하는 것이다. 수액은 허벅지나 엉덩이 같은 큰 근육에 직접적으로 주사하기보다 정맥이나 골내주사를 하는 것이 더 효과적으로 체내에서 받아들인다.

따라서 팔의 정맥을 찾아 주사한 뒤 주삿바늘이 빠지지 않게, 수액이 제대로 공급될 수 있도록, 너무 많은 양이 한꺼번에 들어가지 않도록 속도 조절하며 처치해야 한다. 피를 많이 흘려 쇼크에 빠진 사람은 피가 부족하기에 정맥을 찾기 힘들 수 있는데, 이런 경우에 골내주사를 해야 한다.

보통 1.5L 이상 피를 흘리면 심장박동이 빨라지고, 혈압이 낮아지며, 몸을 떨거나 긴장상태가 된다. 이는 몸에서 피가 부족해 혈압이 떨어져 손발 끝부터 온몸에 있는 피를 끌어오기 위해 수축을 진행하기 때문에 발생하는 생체반응이다. 피를 2L 이상 흘리면 의식을 잃는다. 이때는 흘린 피만큼 수액을 투여해야 한다. 피를 1L, 2L 흘린다는 것을 체감하기 어려울 수 있기에 훈련 시 물이나 우유를 1L 바닥에 흘려 이를 확인할 수도 있다.

야간에 전투가 벌어진 상황에서 은엄폐를 위해 라이트를 켜지 못하거나 비출 수 없으면, 야간 투시경을 낀 상태로 정맥 주사를 놓아야 할 수도 있다. 따라서 의무요원뿐만 아니라 전투요원들도 야간 투시경 착용 상태에서 정맥 주사를 놓을 수 있도록 훈련돼야 한다.

다섯째, 저체온증은 추운 날씨에서 주로 발생하지만, 따뜻한 날씨에서도 발생할 수 있다. 출혈로 인한 저혈량 쇼크는 혈압이 낮은 상태라서 열을 생산하거나 체온을 유지하지 못하는 상태로 이어질 수 있기에 저체온증을 일으킬 수 있다. 저체온증이 오면 이전에 조치했던 지혈에 다시 출혈이 날 수 있음을 의미한다.

다시 말해, 환자의 체온 유지를 위해 조치하지 않으면 지혈을 잘해서 출혈을 막았음에도 출혈이 다시 발생할 수 있고, 환자 후송

〈저체온증 예방을 위한 행동〉

단계에서 헬리콥터가 일으키는 바람이나, 헬리콥터가 기동하는 높은 고도의 저온은 환자에게 치명적일 수 있다.

부상을 입은 전투원은 의복이 벗겨졌거나 찢어졌을 것이다. 부상 부위를 찾고 지혈하거나 정맥 주사를 하려면 의복을 제거해야 하기 때문인데, 이런 경우 부상자의 피부가 노출된 상태일 가능성이 높다. 따라서 저체온증을 예방하기 위해 모포, 포단, 침낭 등을 활용해 환자의 체온이 떨어지지 않게 조치해야 한다.

이외에도 두부 손상, 안구 손상, 감염으로 인한 항생제 투입, 통증으로 인한 진통제 투입 등 다양한 조치가 있다.

TCCC의 3단계는 '전술적 후송 처치'다. 부상자를 후송하는 데 필요한 것은 개인 들것이든 차량이든 헬기든 비행기든 어떠한 것도 사용될 수 있다. 전술적 후송 처치에는 'CASEVAC'과 'MEDEAC'이 포함되어 있다.

CASEVAC은 CAStical EVACuation(사상자 후송)의 머리글자를 딴 용어이다. 차량, 헬기, 항공기로 부상자를 후송하는 개념인데 후

〈응급 후송 헬기〉　　　　　　　　〈응급 후송 헬기 안의 모습〉

송차량에 전문적인 의무 장비가 없고, 적십자 표시가 되어 있지 않은 것을 말한다. 이는 부상자와 가까이에 있는 차량으로도 신속하게 후송 가능하다는 점이지만 적에게 공격당할 수 있는 위험성도 있다.

MEDEVAC은 MEDical EVAcuation(의무후송)의 머리글자를 딴 용어이다. 차량, 헬기, 항공기 등에 적십자 표시가 있고, 전문적인 의료 장비가 있어서 후송하면서도 간단한 수술을 할 수 있다.

전술적 후송처치 단계는 사실상 전투현장에서 벗어나는 단계라서 일반 전투원이 관여할 부분은 없다. 이 단계를 시행하기 위해 후송부대와 연락하는 방법, 부상자가 어디에 있는지, 부상자를 어디로 옮길지, 후송부대가 이동해서 올지, 어디서 어떻게 만날지, 피아식별을 어떻게 할지, 후송부대와 접촉할 때 어떻게 경계를 제공할지 등에 대한 다양한 고민을 해야 하는 부분이다.

전술적 사상자 처치(TCCC)에 대해 알아보았는데, 전술적 사상자 처치의 목적은 임무완수에 있다. 부상자를 처치하고 부상자 추가를 예방하는 것 또한 임무완수를 위한 전투력 보존에 있다고 할 수 있다.

현재 육군에서도 국군의무사령부를 중심으로 TCCC를 교육하고 이를 군의 의무교육으로 반영하려고 노력하고 있다. TCCC의 중요성을 알고 군에도 도입한다는 점에서 고무적이다. 의무병이나 군의관

들만 알아야 되는 내용이 아니라 모든 전투원이라면 기본적으로 알
고 환자를 처치할 능력이 생긴다면 우리 군의 전투력은 더욱 상승할
것이다.

10. 무기의 의사

　　피트 크루(Pit Crew)라는 말을 들어본 적이 있을 것이다. 피트 크루는 자동차 레이싱에서 레이스를 지속하기 위한 정비기술자를 일컫는다. 레이싱은 1초, 0.001초에도 승부가 갈린다. 매우 빠르고 잦은 코너링과 급발진·급제동은 차량에 무리를 많이 주게 되고 차량

〈레드불 사의 피트 크루〉
※ 사진의 피트 크루들은 1.91초 만에 정비를 마쳤다.

에 조금만 문제가 생겨도 좋은 성적을 거둘 수 없기 때문에 경기 중에 차량을 정비·수리하는 것이다. 특히 타이어 마모가 심해서 접지력이 감소되어 속도의 손실이 발생한다. 따라서 차량에 큰 문제가 없어도 무조건 실시하는 정비가 타이어 교체이다.

이외에도 연료 보충, 안전 담당, 흡입장치 담당 등 다양한 정비 행동을 실시한다. 세계적인 레이싱인 포뮬러 원(F1)에서는 평균 3초 내외로 타이어 교환을 하고 여러 점검을 수행한다. 가장 숙련된 피트 크루팀은 2초 이내에 수행하기도 한다. 0.001초에도 승부가 갈리는 경기에서는 레이서와 더불어 피트 크루팀도 승리하기 위한 중요한 요소로 꼽힌다.

과학기술이 발전하고 4차 산업혁명의 시대로 들어서면서 군사 과학기술의 중요도도 높아지고 있다. 고대부터 오늘날까지 전쟁에서 승리하기 위해 더 강한 무기체계를 개발하고 운용하려는 움직임은 계속 있었다. 그럼에도 매우 많은 병력이나 뛰어난 전략·전술로 무기체계 기술 수준의 열세를 뒤집을 수 있었다.

현대의 무기체계는 따라가기 힘들 정도로 빠르게 발전하고 있다. 군사 과학기술의 추세를 놓치면 어떠한 요소로도 뒤집을 수 없을 만큼 아주 빠르고 무서울 정도로 발전하고 있다. 위성으로 적국의 기지를 감시하고, 날아오는 미사일을 격추시키며, 레이저로 적을 공격하고, 지구 반대편도 공격할 수 있는 시대이다. 우리 군도 4차 산업혁명의 핵심기술을 무기체계에 적용하고 스마트국방 혁신을 추진하고 있다.

한 개인이나 부대가 전투를 얼마나 잘 수행할 수 있는지를 '전투력'이라고 표현한다. 전투력은 유형적 요소와 무형적 요소로 나눌 수 있다. 유형적 요소는 병력의 수, 병력의 훈련 정도, 무기체계 수, 무기체계 특성 등이다. 무형적 요소는 개인의 전투 의지나 자신감,

부대의 사기, 군기 등이다.

우리 군은 출산율 저하에 따른 입대자원 감소로 말미암아 슬림화된 첨단군을 지향하고 있다. 이러한 상황에서도 전투력을 유지하기 위해서는 유형적 전투력 보완이 필요하다. 따라서 최신 과학기술을 집약한 첨단화된 무기체계 개발과 효율적인 운용이 필요하다.

무기체계가 첨단화되면서 고려해야 할 점이 있다. 바로 국가의 경제력이다. 현대전은 총력전, 즉 국가의 모든 역량을 투입해 수행하는 전쟁 양상을 보이고 있다. 군에서 부대를 효율적으로 운영하고 적시 적절한 전략·전술을 운용하는 것도 중요하지만, 한 국가의 전쟁 수행 능력은 전쟁의 승패를 좌지우지할 수 있다. 한 국가의 전쟁 수행 능력을 평가할 때 가장 중요한 요소는 경제력이다. 경제력이 강한 나라는 더욱 많은 무기체계, 탄약을 포함한 군수품을 가지고 원하는 지역에서 원하는 기간만큼 원하는 방법대로 전쟁할 수 있다.

군수품에서 가장 많은 예산이 투입되는 분야는 무기(장비)와 부품(수리 부속)이다. 전쟁이 진행되면 필연적으로 무기체계의 파괴 또는 고장이 발생하고 이를 정비·수리하기 위해서는 수리 부속이 사용된다. 따라서 군은 정비부대를 편성하여 운영하고 있다.

전쟁에서 승리하기 위해서는 전쟁 수행 능력, 즉 경제력이 중요한 요소로 꼽힌다고 하였다. 한 가지 더 생각해 볼 문제가 있다. 전쟁 초기에는 동원이 원활히 이루어지지 않을 가능성이 높고, 경제력이 좋다고 하더라도 시시각각 진행되는 모든 전투에서 장비와 수리 부속이 단기간에 보급되지 않을 것이다. 따라서 각각의 전투에서 무기의 피해가 누적되고 전투에서 패배하기 시작한다면 전세는 불리해질 수도 있다. 대한민국보다 경제력이 부족한 북한은 빠른 전쟁 종결을 위한 전략을 수립하고 있으며, 세계 대부분의 국가가 정비부대를 편성하고 정비능력을 향상시키기 위한 교육훈련과 정비체계 개선에 힘쓰고 있다.

수리 부속 말고도 정비를 위해서는 까다로운 조건이 갖춰져야 한다. 작전상황에 따라 달라지겠지만, 우리 군은 전·평시 정비활동을 위한 필수요소로 ① 정비인력 ② 수리 부속 ③ 정비용 장비 및 공구 ④ 정비시설을 제시하고 있다.

① 정비인력이란 정비활동을 실시하는 인력을 말한다. 민간의 개념과 달리 군은 조금 더 포괄적으로 정비인력을 설정하였다. 작게는 장비를 운용하는 사용자도 장비운용 전·중·후로 장비를 관리하기 때문에 정비인력에 포함한다. 크게는 정밀측정과 고난이도 검사에서부터 전차·자주포 같은 장비를 최소단위까지 분해하고 정비하여 재결합하는 최고 수준의 정비활동을 수행하는 인력까지 포함한다. 최근에는 민간 방산업체와 정비업체로부터 전·평시 수리 부속 보급을 포함한 정비활동에 제반요소를 지원받고 그 성과를 지불하는 방식의 성과기반 군수지원(PBL, Performance Based Logistics)을 추진하면서 민간의 정비사도 군의 정비인력으로 포함한다고 볼 수 있다.

② 수리 부속은 장비의 정비를 위해 쓰이는 부품을 말한다. 정비에는 여러 가지 방법이 있는데, 전시에는 정확하고 신속한 정비를 위해 평시와 조금 다른 정비 방법을 택한다. 정비사가 장비를 분해하여 하나하나 고치는 것보다 고장난 부분이나 고장난 것으로 추측되는 부분을 새로운 수리 부속품으로 통째로 교환하는 방법을 주로 사용한다. 적과 가깝게 대치할수록 이런 경향은 두드러진다. 이렇게 통째로 교환하는 정비방법을 교환정비라고 한다. 교환정비는 정비시간이 짧고, 정비 실패 확률이 낮으며, 같은 부위를 정비하더라도 수리보다 요구 기술수준이 낮다는 장점이 있다. 이렇게 좋은 교환정비에도 수리 부속품의 사용이 증가한다는 단점이 있다. 그러면 더욱 중요한 순간에 수리 부속품이 부족할 수도 있다. 더불어 수리 부속

의 소모 없이 정비할 수 있었던 장비였지만 수리 부속을 사용함으로써 결국 낭비가 이루어질 수도 있다.

전쟁이 장기화될수록 얼마나 탄탄한 경제구조를 지녔느냐에 따라 승패가 갈리기 때문에 수리 부속 낭비는 치명적인 단점이 될 수 있다. 이를 극복하기 위하여, 교환 후 탈거한 고장났거나 고장난 것으로 추측되는 부분을 후방으로 가져와 수리하여 사용 가능한 수리 부속을 확보하는 방법이 있다.

③ 정비용 장비 및 공구이다. 군의 무기체계는 굉장히 복잡하고 무거운 축에 속한다. 또, 장비마다 검사할 수 있는 검사장비와 공구들이 호환되지 않는 경우가 많다. 장비 개발에 10년 가까이 소요되기도 하며, 수십 년을 운용하기 때문에 정비를 위해 정비용 장비와 공구가 호환되도록 설계하는 것은 어렵기도 하며, 과학기술이 빠르게 발전하기 때문에 호환을 목표로 과거의 과학기술을 통한 정비방법을 고집할 수는 없다. 정비를 위해서는 검사용 장비, 정비용 장비, 공구가 필수이다. 정비부대는 이러한 정비용 장비와 공구를 항시 운용할 수 있도록 관리해야 한다.

④ 정비시설이다. 정비시설도 민간과는 조금 다르다.

첫째, 비교적 후방에 위치하여 민간의 개념과 같이 건물의 형태인 경우이다. 정비만을 생각하면 가장 이상적인 공간이라서 기상에 구애받지 않고, 먼지·진동 등이 통제된 정비공간도 보유하고 있다. 전차, 자주포 등 중량물의 분해정비에 필요한 크레인 등 정비용 장비가 시설에 결합되어 있다. 비교적 정교한 정비행동이 필요하거나 적의 위협 때문에 고장 현장에서 정비 불가능한 경우, 장비가 재투입되기 전 시간이 여유로운 경우에 건물 형태의 정비시설에서 정비한다.

둘째, 야지에 설치한 임시 정비시설에서 정비하는 것이다. 전투

〈파괴된 이스라엘 M60 패튼 전차〉   〈파괴된 시리아 T-55 전차〉

를 수행하는 연대급 후방지역에 위치하며, 주로 천막 형태로 운영되나 산업동원으로 징발된 민간정비업체의 시설을 이용하기도 한다.

셋째, 정비시설 없이 전투현장에 인접하여 정비하는 경우이다. 장비의 신속한 재투입이 요구될 때 실시한다. 무기체계 정비기술은 민간에서 경험을 쌓을 수 없기 때문에 평시부터 훈련된 상비병력 정비관들의 생존을 위한 대책이 강구되어야 한다. 정비를 위한 환경이 조성되어 있지 않고 신속한 재투입이 요구되기 때문에 표준방법이 아닌 응급정비를 실시하기도 한다.

군에서 정비활동이 어떠한 체계로 이루어지는지 알아보았는데 과연 전쟁 중에 무기체계가 얼마나 정비되고 어떻게 전쟁에 영향을 미치는지 의구심이 들 수도 있다. 4차 중동전쟁에서 정비활동을 통해 전세를 유리하게 이끈 사례를 소개한다.

4차 중동전쟁은 1973년 10월에 이집트와 시리아가 이끄는 아랍 국가들과 이스라엘이 치른 전쟁이다. 전쟁의 발발과 역사적 의의는 차치하고 정비 분야에 집중한다. 이스라엘은 1956년 2차 중동전쟁에서 정비의 중요성을 깨닫고 정비부대를 창설하여 운용하였다. 4차 중동전쟁은 제2차 세계대전 이후 최대의 전차전으로 평가받는다. 아랍연합군과 이스라엘은 숲이 거의 없고 평지였기 때문에 지상군의

〈골란고원〉

최신기술이 집약된 전차에 집착하였다. 전쟁 초기 아랍연합군은 5,000여 대, 이스라엘은 1,700여 대의 전차를 보유하고 있었다.

전쟁 초기 이스라엘은 600여 대가 파괴되었으나 파괴된 전차 중 80%를 하루 안에 정비하여 전장에 재투입할 수 있었다. 특히 4차 중동전쟁 중 결정적 작전이던 골란고원 전투 중에는 피해를 입은 전차 10여 대를 복구하여 바로 재투입하기도 하였다. 따라서 전차 1대가 정비를 통해 2.5번 전장에 투입되어 사실상 전투력을 2.5배 가량으로 상승시키는 효과를 보았다. 이에 비해 아랍연합군은 피해 전차의 35%만을 복구하였다. 이스라엘은 2차 중동전쟁 이후 정비요원 교육훈련에 집중하고 꾸준히 수리 부속 등 정비요소를 갖추었으나, 아랍연합군은 훈련되지 않은 군 정비요원이나 민간 정비사, 외국인

〈육군 병기병과〉
※ 전 지상무기체계에 대한 정비지원과 탄약지원이 주 임무이다.

정비사를 고용하여 정비활동을 하였다. 이스라엘은 전투 후 방치된 적의 전차와 장갑차를 노획하여 개조하였다. 이스라엘은 800여 대의 전차와 장갑차를 노획하여 운용할 수 있는 형태로 개조하여 200여 대의 장갑차를 만들어 운용하였다. 평시부터 굳건한 정비지원 체계 구축과 꾸준한 교육훈련만이 유사시 전투력을 배로 늘릴 수 있다.

현대전은 무기체계 간의 전투라고 할 만큼 그 중요성이 증가하고 있다. 4차 중동전쟁에서 이스라엘 사례뿐만 아니라 대부분의 현대전에서 정비지원은 중요한 군수지원 요소로 꼽힌다. 따라서 세계 대부분의 국가는 정비지원 체계 구축을 위해 연구하고 노력하고 있다. 슬림화된 정예군을 표방하는 우리는 병력의 열세를 무기체계를 통해 극복하고자 한다. 현재 보유한 장비의 전투력을 배로 늘릴 수 있는 정비! 바로 무기체계의 의사이다.

지금까지의 무기체계는 물리적·기계적으로 작동하는 것이 대부분이었다. 최근의 4차 산업혁명과 더불어 무기체계는 굉장히 복잡·다양해지고 있다. 현대·미래 무기체계의 특징을 살펴보자. 첫째, 전자장비, 전자부품이 많이 사용되면서 장비의 단가가 높아지고 정비기술의 수준이 높아지고 있다. 둘째, 무기체계가 단독으로 운용되는 것이 아니라 상호 연결되어 영향을 주고받기 때문에 단종의 무기체계에 대한 정비기술뿐만 아니라 시스템 또는 시스템의 시스템들의 유기적인 관계를 이해하고 정비해야 한다. 셋째, 각국은 전쟁의 판도를 바꾸는 게임체인저, 즉 전략무기 개발에 힘쓰고 있다. 전략무기는 기술수준이 높고 위험한 경우가 많아 정비훈련을 하기가 매우 어렵다. 넷째, 컴퓨터 기술(AI, Big Data, S/W 등)이 무기체계에서 활용되고 있다는 점이다. 군에 있는 대부분의 정비요원은 무기체계의 실물, 즉 기계적인 정비를 주로 하고 있다. 따라서 컴퓨터 기술을 정비할 수 있는 정비요원 육성이 요구된다.

이렇게 복잡·다양해지는 무기체계를 정비하기 위해 군도 많은 노력을 하고 있다. 그중에서도 '상태기반정비(CBM, Condition Based Maintenance)'를 소개한다. 지금까지는 시간기반, 운용거리기반, 발사횟수기반 등 운용이 얼마나 되었는가를 기준으로 예방정비를 하고 있다. 예방정비는 특정 기준으로 정비시점을 판단하여 장비 고장을 최소화하기 위해 사전에 정비하는 것이다. 당연하게도 장비가 고장났을 때도 정비를 하는데 이는 사후정비, 고장장비로 분류한다.

이와 달리 상태기반정비는 무기체계의 상태를 판단하여 정비한다는 것이다. CBM은 정비요원이 상태를 판단하는 것이 아니라 무기

⊕ 사후정비 및 사전정비의 비교

구분	사후정비	사전정비	
	고장정비	예방정비	예측정비(CBM)
정비시점	고장 이후	특정 기준에 도달하면 (시간, 거리, 발사횟수 등)	센서를 통해 취합된 정보를 기반으로 정비 필요 시
정비목적	고장으로부터의 복구	고장 예방	더욱 적극적인 고장 예방
적용시점	과거~현재	과거~현재	현재~미래(개발 중)

체계에 각종 센서를 부착하여 취합된 정보로 판단하여 정비시점과 정비대상 부품을 식별하는 것이다. 센서는 장비의 진동, 배기가스의 성분, 유압·수압의 변화 등을 나타내는 것이다. 이러한 정보와 실제 고장난 부품을 대조하여 데이터화하여 빅 데이터(Big Data)와 인공지능(AI)을 활용하는 새로운 정비방법이다.

02

무기 관련 기술
weapon technology

Military Talk

재미있는 군사이야기

1. 전투기는 어떻게 하늘을 날까?

헬리콥터나 전투기는 공군에서 많이 운용하지만 육군과 해군에 서도 헬리콥터를 운용한다. 아주 큰 고철 덩어리인 헬리콥터나 비행 기가 어떻게 하늘을 나는 걸까?

하늘을 나는 원리를 이해하려면 추력, 저항력, 양력, 중력을 알 아야 한다. 추력과 저항력, 양력과 중력이 각각 짝을 이루며 반대로 작용하는 힘이다. 이 네 가지 힘은 비행체가 이륙할 때, 비행할 때, 착륙할 때 각기 다르게 작용한다.

추력은 '물체를 운동방향으로 밀어붙이는 힘'을 의미한다. 추력 은 쉽게 말해 추진력인데, 비행체의 엔진이 움직이면 주변 공기를 뒤로 밀어내게 된다. 그럼 뉴턴의 제3법칙인 '작용과 반작용'에 의해 밀어내는 힘만큼 비행체에 밀리는 힘이 가해져 앞으로 나아가는 것 이다. 앞으로 나아가기 시작하면 이에 작용하는 힘은 저항력이다. 저 항력은 반발력이라 생각하면 된다. 추진력이 발생해서 앞으로 움직 이면 그에 따라 반발력이 생긴다. 비행체는 공기 중의 저항을 많이 받게 되고, 빠르면 빠를수록 더 큰 저항력을 받게 된다.

추력과 저항력은 정반대 방향으로 작용하기 때문에 반드시 추력이 저항력보다 커야 비행체가 앞으로 나아갈 수 있다.

양력의 정의는 '운동하는 물체에 운동방향과 수직방향으로 작용하는 힘'이다. 쉽게 말해 비행체를 위로 띄워올리는 힘이다. 양력은 비행체의 앞으로 움직이면서 날개에 작용하는 공기의 영향으로 발생한다. 여기에는 뉴턴의 제2법칙 'F=ma'가 적용되는데, 공기의 질량과 아래로 향하는 속도를 곱한 힘이 작용하는 것이다. 비행기 날개를 자세히 보면 지상과 수평이 아니라 하늘 방향으로 약간 올라가 있는데, 이를 '받음각'이라고 하여 날개의 각도를 변화시킴으로써 공기의 흐름을 바꿀 수 있도록 도와주는 장치다.

이런 원리는 달리는 차에서 창문을 내리고 실습(?)을 해볼 수 있다. 손바닥을 날개라고 생각했을 때, 손바닥을 반듯하게 폈을 때보다 약간 구부렸을 때 위로 올라가는 힘이 느껴진다. 손바닥의 각도를 조절하다 보면 일정 각도에서 받음각이 되어 올라가는 힘을 느낄 수 있다. 물론 15도쯤 벗어나면 손바닥에 가해지는 저항력이 커져서 양력을 느끼지 못하게 된다.

이제 추진력과 반발력을 거쳐 양력이 발생하면서 비행체가 하늘을 날기 시작했다. 그러나 하늘을 나는 동시에 양력의 정반대 힘인 중력이 작용한다. 중력은 비행체의 무게 때문에 생기는 힘인데, 양력이 작용하지 않더라도 중력은 계속해서 비행체에 작용하고 있다. 그러다 양력이 중력보다 더 커지는 순간 비행체는 하늘로 날게 된다.

비행체에 작용하는 힘을 이해해야 좀더 효율적으로 비행할 수 있다. 엔진의 성능을 높여서 추진력을 높인다거나, 비행체의 모양을 둥굴게 해서 저항력을 줄인다거나, 날개의 모양과 받음각 등의 새로운 기술을 적용해 양력을 높이거나, 가벼운 재질로 비행체를 만들어 중력을 줄이는 등 다양한 방법으로 효율적인 비행을 할 수 있다.

〈비행체에 작동하는 힘의 종류〉

헬리콥터에는 비행기에 작용하는 네 가지 힘이 동일하게 작용한다. 다른 부분은 날개가 없고 프로펠러가 주로 기체 위에 있다는 점이다. 헬리콥터의 프로펠러 중 위에 달린 것은 '메인 로터(Main Rotor)', 뒤쪽에 달린 것은 '테일 로터(Tail Rotor)'라고 한다. 헬리콥터는 추진력을 발생시키는 장치가 없이 메인로터가 회전하면서 양력을 발생시킨다. 이때 메인로터의 날개는 공기가 아래쪽으로 이동할 수 있도록 유선형으로 만들어져 있다. 메인로터가 회전하면 유선형 날개를 통해 공기가 이동한다. 메인로터 위쪽의 압력이 아래쪽보다 상대적으로 낮기 때문에, 압력 차이로 인해 고기압에서 저기압으로 이동하는 압력의 원리가 작용한다. 또한 공기가 아래쪽으로 이동하기 때문에 공기의 이동 또한 양력을 발생시키게 된다.

메인로터는 한 방향으로만 돌기 때문에 테일로터가 없으면 메인로터가 도는 방향과 반대로 기체가 제자리에서 빙글빙글 회전하게 된다. 테일로터는 기체가 돌려고 하는 힘을 상쇄하기 위해 반대방향으로 작용해 자세를 제어하는 데 도움을 준다.

CH-47 치누크 기종은 앞뒤로 메인로터가 두 개 있는데, 동일한

〈일반적인 헬리콥터〉　　　　　　　〈CH-47 헬리콥터〉

원리로 두 개의 로터가 한 방향으로만 돌면 그 방향으로 기체가 돌기 때문에 각각의 로터는 반대 방향으로 작용한다.

　　헬리콥터는 메인로터의 기울기를 변화시킴으로써 로터에 작용하는 양력을 추진력으로 변화시키며 전후좌우로 이동한다.

　　최근 각광받는 드론(Drone)의 비행 원리도 헬리콥터와 비슷하다. 날개가 네 개 달린 쿼드콥터 드론은 동체에 작용하는 중력보다 더 큰 양력을 발생시키기 위해 로터 네 개가 작동해야 한다. 이륙 후 드론을 쉽게 조작하기 위해 제자리비행을 진행하는데, 제자리비행을 위해서는 로터 네 개가 일정한 속도로 회전해야 한다. 이때, 드론에 달려 있는 로터 네 개가 같은 방향으로 돌면 기체가 한 방향으로 움직인다.

　　따라서 드론이 제자리비행을 하려면 날개 네 개가 모두 같은 방향이 아닌, 대각선으로 짝이 된 로터 두 개가 오른쪽으로 돌면 다른 대각선의 로터 두 개는 왼쪽으로 돌아야 제자리 비행이 가능하다.

　　드론을 제어할 때는 짝이 되는 두 로터의 출력을 다르게 하면 된다. 예를 들어 드론이 제자리에서 왼쪽으로 회전하고 싶으면, 왼쪽으로 회전하는 대각선 로터들이 오른쪽으로 회전하는 대각선 로터보다 출력이 세면 왼쪽으로 회전한다. 전후좌우로 움직이고 싶을 때는

〈드론〉

해당 방향의 로터 출력보다 반대 방향의 로터의 출력이 세면 해당 방향으로 밀어주는 추진력이 발생하게 된다.

비행기, 헬리콥터, 드론이 나는 원리를 알아보았다. 우리가 하늘을 날 수 있었던 것은 결국 저항력과 중력을 이겨냈기 때문에 가능했다. 이 힘들을 이해하고 추력과 양력으로 이겨낼 수 있었던 것은 하늘을 날고 싶은 인류의 염원 때문이 아니었을까?

2. 잠수함은 어떻게 가라앉을까?

수영을 못하거나 좋아하지 않는 사람은 물에 대한 공포가 있는 경우가 많다. 수영을 잘하는 사람들이 몸에 힘을 빼면 물에 잘 뜬다고 하는데, 이는 말처럼 쉽지 않다. 사람의 몸도 물에서 쉽게 뜨지 않는데, 전투함을 비롯한 배들은 어떻게 바다에 떠 있는 걸까? 또한 잠수함은 어떻게 가라앉는 걸까?

그 이유는 '부력과 밀도' 때문이다.

아르키메데스는 왕관이 진품인지를 확인하려고 고민하던 중, 목욕할 때 '유레카'라고 외치며 부력을 발견하였다. 전투함과 잠수함이 바다에서 뜨고 가라앉을 수 있는 부력 그리고 밀도에 대해 이야기해 보자.

부력은 '기체나 액체 속에 있는 물체가 그 물체에 작용하는 압력에 의하여 중력(重力)에 반하여 위로 뜨려는 힘'이고, 밀도는 '단위 부피당 질량'이다. 단순히 정의로만 이해하기에는 설명이 뭔가 조금 부족하다. 물체마다 밀도는 제각각이다. 같은 $1m^3$의 단위 부피라고 해도 공기와 물과 철의 밀도는 각기 다르다. 공기의 밀도보다 물의 밀도가 크고, 물의 밀도보다 철의 밀도가 크다. 그래서 철은 물에 가

〈잠수함과 항공모함〉

라앉고, 공기를 담은 튜브나 구명조끼는 물에 뜬다.

물을 채운 욕조에 물체를 넣었을 때 그 물체에 작용하는 중력은 아래로 작용하는데, 밀도의 차이에 따라 가라앉는 물체의 부피만큼 욕조의 물이 넘칠 것이다. 이때 부력은 물체로 인해 넘친 물의 무게만큼 중력과 정반대 방향으로 작용한다. 부력은 물의 밀도, 넘쳐 흐른 물의 부피, 중력가속도에 비례한다.

바다에 떠 있는 배에 작용하는 중력과 부력은 동일하다. 배의 무게는 상당히 무겁고 철의 밀도가 물의 밀도보다 크기 때문에 가라앉아야 하지만, 배 안의 공기층으로 인해 배 전체 평균적인 밀도가 물의 밀도보다 낮아져 일부는 가라앉지만 결국 배는 바다에서 뜰 수 있다.

배가 바다에 떠 있기만 해서는 항해를 할 수 없다. 예측할 수 없는 파도와 너울, 바람을 헤치며 중심을 잡아야 앞으로 나아갈 수 있다. 배가 중심을 잡기 위해서는 바다에 가라앉은 배의 아랫부분에 '선박 평형수' 또는 '밸러스트 수(ballast water)'를 채워 넣음으로써 배의 무게중심을 유지하고, 배의 전체적인 부력을 조절하는 데도 도움을 준다.

배의 무게중심이 아래쪽이 아닌 위쪽에 있다면 파도나 너울, 바람 등에 의해 쉽게 영향을 받고 전복될 위험성이 높아진다. 따라서 선박 평형수나 일정 화물 같은 무게가 나가는 것이 배 아래쪽에 위치하는 이유가 여기에 있다.

이제 해군의 입장이 되어 보자. 함정 1대가 새로 건조되어 해군으로 위임되었을 때 이 함정의 무게와 부력을 계산할 수 있지만, 전투를 하기 위해서는 탄약과 식량을 비롯한 다양한 장비를 함정에 실어야 하고 전투원도 태워야 한다. 따라서 최초에 배의 부력을 계산할 때 적정 부력과 무게중심을 유지할 수 있는 평형수의 양을 계산하고 전투장비와 사람이 타면서 무게가 늘어난 배를 고려해 평형수를 바다로 배출하면서 부력과 무게중심을 지속해서 유지할 수 있다.

잠수함은 어떻게 바다에서 가라앉고 떠오르기를 반복할 수 있을까?

잠수함도 바다에 있기 때문에 중력, 부력이 작용한다. 그리고 밀도를 이용해서 가라앉기와 떠오르기를 선택적으로 할 수 있다. 위에서 설명한 대로 잠수함이 물에 뜨기 위해서는 물보다 밀도가 낮아야 하고, 잠수하기 위해서는 물보다 밀도가 높아야 한다. 잠수함의 평균 밀도를 바꿔주는 역할은 밸러스트 탱크(ballast tank)가 한다.

잠수함의 밸러스트 탱크 안을 공기로 가득 채우면 잠수함의 평균밀도는 물보다 낮아지기 때문에 물 위로 떠오르고, 탱크의 공기를 빼고 바닷물로 채우면 평균밀도가 물보다 높아져 가라앉는다.

부력은 양성, 중성, 음성 부력으로 나뉜다. 양성부력은 물로 떠오르려는 상태, 중성부력은 가라앉지도 뜨지도 않는 상태, 음성부력은 물에 가라앉는 상태이다. 다시 말해 잠수함이 가라앉기만 하고 떠오르기만 해서도 안 되고, 일정한 수심에서 항해하려면 끊임없이 부력을 제어해야 한다. 해당 수심에서 물의 밀도에 맞게 잠수함의 중성부력을 유지해야 가라앉지도 떠오르지 않는 상태로 항해할 수 있다.

이제 우리는 잠수함의 승조원이 되어보자. 출항 명령이 떨어지고 바닷속으로 잠수를 하게 되었다.

잠수만 한다고 잠수함의 역할이 끝난 것은 아니다. 잠수함이 잠수를 시작했는데, 바다 밑바닥까지 가라앉으면 어떻게 될까? 수직수평이 안 맞고 계속해서 해류에 따라 흔들리면 어떻게 될까? 전투를 할 수 없을 것이다.

하늘에서 3차원 운동을 하는 항공기와 마찬가지로 잠수함도 바닷속에서 3차원 운동을 하고 해류에 따라 중심을 제어하며 앞으로 나아갈 수 있어야 전투를 할 수 있다.

이때 도움을 주는 가장 중요한 것은 엔진과 수평타이다. 엔진은 잠수함이 앞으로 나아갈 수 있게 추진력을 제공하고, 수평타는 항공기의 날개가 수직이착륙 시 균형을 잡아주듯 잠수와 부상을 할 때 수평을 유지하는 역할을 한다. 잠수함의 밸러스트 탱크는 잠수함 앞뒤에 설치되어 있기에 앞으로 기울거나 뒤로 기울 때 탱크의 수량과 공기량을 조절해 앞뒤 균형을 잡아주는 역할도 한다.

바닷속의 잠수함은 하늘을 나는 비행기와 동일하게 3차원 운동을 하지만 바닷속에는 또 다른 위험이 존재한다. 바다는 수심이 10m씩 깊어질수록 수압이 1기압씩 상승한다. 따라서 100m만 잠수해도 잠수함에 작용하는 수압은 11기압이 된다. 그래서 특정 수심 이상으로 잠수하면 잠수함의 철판이 수압을 견디지 못하고 찌그러지기에 잠수함의 성능에 따라 잠수할 수 있는 수심이 정해져 있다.

하늘과 달리 바다는 수심이 깊어질수록 외부의 빛이 들어오지 않아 앞을 볼 수 없다. 즉 잠수함의 레이더, 소나(SONAR, SOund NAvigation Ranging)를 이용해 소리를 통해서만 바닷속 상태를 확인할 수 있다.

전투함과 잠수함이 물에서 뜨고 가라앉는 원리를 알아보았다. 부력과 밀도를 이용하면 무거운 전투함과 잠수함도 물에서 뜨고 가라앉을 수 있다. 전투함보다 무게가 많이 나가는 사람은 없지 않은가? 따라서 수영을 못하거나 무서워하는 사람도 누구나 물에 뜰 수 있다. 겁먹지 말고 다시 한번 도전해 보시길.

3. 총탄과 방탄의 원리

　　영화에서 적을 제압하기 위해 등장하는 무기로는 칼, 활, 창 등 다양하지만 총을 빼놓을 수가 없다. 특히나 '존 윅' 같은 액션 영화는 대사는 거의 없이 총을 이용한 액션 장면이 주를 이룬다. '존 윅'에서 키아노 리브스는 권총을 주로 다루지만 권총뿐만 아니라 샷건, 소총 등 다양한 화기를 다루는 모습을 보여주는데, 그가 쏘는 총알은 무자비하게 적을 제압한다. 영화는 영화일 뿐이지만 총알은 어떻게 적을 제압하는 것일까? 총알의 파괴력·충격력은 어느 정도일까?

　　사격의 기본원리를 이해하고 사격 시 발생하는 반동과 소음을 줄이면 적을 맞힐 확률은 높아지지만, 무조건 제압할 수 있는 것은 아니다. 사격을 하면 총알이 어떻게 움직이면서 파괴력을 가지고, 사람이 총알을 맞았을 때 인체 내부에서 어떻게 움직이는지, 어디를 맞혀야 효과적으로 적을 제압할 수 있는지 알 수 있다. 총알의 움직임을 이해하면 이러한 총알을 막기 위해 착용하는 방탄 장비의 원리 또한 이해하기 수월하다.

　　총에는 총알이 나가는 통로인 총열이 있는데, 총열 안에는 강선 (Rifling)이라는 홈이 있다. 육군의 제식소총 K2는 6조 강선이라 하여

〈영화 '존윅' 포스터〉

총열 안에 6개의 줄이 미세하게 꽈배기처럼 파여 있다. 강선의 역할은 총알이 발사될 때 회전을 주기 위한 것이다.

강선이 있는 총에 총알을 장전한 뒤 사격하면 공이가 총알의 뒷부분을 강하게 때리게 된다. 총알의 뒷부분에는 추진력을 일으키는 화약인 장약이 들어 있는데, 공이가 이 부분을 세게 때리면서 총알 내부에서 폭발 작용이 일어나면서 총알이 발사되게 된다. 장약이 폭발하면서 발생하는 기체는 높은 온도와 압력으로 팽창하는데, 총열 내부에 갇힌 상태이기에 총알을 밀어내면서 총구를 비롯한 총의 틈새로 배출된다. 특히 총열 내부의 강선 꽈배기를 따라 총알을 앞으로 밀어냄과 동시에 강선 방향으로 회전을 주게 된다.

총구에서 발사된 총알은 회전하면서 포물선을 그리는데 이는 팽이를 돌릴 때 처음에는 기울다가 똑바로 서서 돌아가는 것과 비슷한 원리다. 회전하는 물체는 회전하는 상태를 유지하려는 뉴턴의 제1법칙인 '관성의 법칙'이 적용된다.

〈강선(rifling) 내부의 모습〉

이렇게 회전상태를 유지하는 것을 '자이로 효과'라고도 하는데 총알도 이와 같은 운동을 하게 된다. 강선을 통한 총알의 회전은 사격 시 더 멀리 있는 표적을 더 정확하게 맞힐 수 있게 한다.

총알은 탄두보다 뒷부분이 더 무거워 총알이 회전하지 않고 나가면 뒤집혀서 불안정하게 날아갈 가능성이 커지고, 그렇게 되면 원하는 곳에 맞힐 수 없게 된다.

그렇다고 강선이 없는 총열이 잘못된 것은 아니다. 예를 들어 전차의 활강포나 산탄총은 강선이 없이 일정 사거리 내에서 관통력보다는 파괴력을 증가시키기 위한 무기로 일반 총알과 다르게 포탄과 총알의 무게중심을 고려해서 내부 화약을 배치하면 일정 거리까지는 표적을 맞히는 데 제한사항이 없다.

강선으로 인한 회전이 총알의 파괴력을 증가시키기 위한 것이라고 오해하면 안 된다. 일정 회전이 있는 총알의 경우 관통력은 증가하지만 파괴력은 총알의 종류나 크기, 무게 등에 따라 다르다.

관통력은 무엇이고 파괴력은 무엇인가? 이를 설명하기 위해서는 인체에 총알이 들어왔을 때의 모습을 보면 가장 좋지만, 인체 실험은 제한되기 때문에, 인체 조직과 비슷한 젤라틴에 총알을 쏴서 총알이 어떻게 통과되는지를 관찰하면 인체에서 총알이 어떻게 되는지

〈젤라틴 실험〉
※ 인체 내부에서 총알이 어떻게 움직이는지를 확인할 수 있다.

를 이해할 수 있다. 젤라틴은 투명하기 때문에 외부에서도 관찰 가
능하다.

　젤라틴을 통과하는 총알을 보면, 관통력이 높은 총알은 회전력
이 세기 때문에 처음에는 작은 구멍으로 뚫고 들어가서 회전에너지
가 젤라틴과 맞물리면서 회전은 느려지지만 젤라틴을 잡아 뒤틀며
관통한 뒷부분은 처음 구멍보다 크다. 구경 5.56mm 총알처럼 관통
력이 높은 총알은 맞은 부위보다 통과한 부위가 더 크게 나타나는
결과와 동일하다.

　관통력이 높지 않고 파괴력이 높은 총알은 젤라틴을 통과한 이
후 충격력 때문에 총알이 깨지면서 젤라틴 내부에 동공(cavity)을 만
들며 파편이 사방으로 퍼지는 것을 볼 수 있다.

　사실 미군은 지속적으로 5.56mm 탄에 의구심을 나타냈다. 영화
'블랙 호크 다운'의 배경인 소말리아 민병대가 마약에 취한 상태로

미군에게 달려들 때 5.56mm 탄을 여러 발 맞고도 쓰러지지 않고 AK-47 소총을 난사하는 사례가 있었다고 한다. 이러한 사례에 기겁한 미군은 5.56mm가 관통력은 좋지만 파괴력이 낮아 적을 저지하는 능력이 부족함을 느꼈다. 실제 전투 사례를 보면 관통력이 높은 탄보다는 인체조직을 더 효과적으로 파괴하는 파괴력 높은 탄을 선호함을 알 수 있다.

따라서 강선에 의한 탄의 회전이 많다고 무조건 좋은 것은 아니고, 파괴력을 증가시키는 것도 아님을 알 수 있다.

총알은 상당히 큰 운동량을 지니고 있기 때문에 총알에 맞았을 때는 차에 치이는 교통사고와 비슷한 충격량을 받을 수 있다. 충격량은 총알의 운동량과 같다. 충격량 공식 '$I = F \times \triangle t$'에 '$F = ma$'를 대입하면, 질량이 크고 가속도가 클수록 충격량이 크다는 것을 알 수 있다. 즉 5.56mm 탄보다 7.62mm 탄의 충격량이 크고, 가속도를 높여주는 총알의 추진체(장약)가 많거나 총열이 길수록 총알의 속도는 빨라진다.

그렇다면 방탄헬멧과 방탄조끼 등 '방탄' 장비의 원리는 무엇일까? 어떻게 총알로부터 인체를 보호할까?

'방탄' 같은 보호장비는 오랫동안 있었고 계속 발달했다. '창과 방패'의 관계처럼 칼과 창, 화살을 막기 위해 투구와 갑옷, 방패가 발달했고 최근에는 총알을 막기 위해 '방탄' 장비가 발달했다.

보호장비의 발달은 무기의 발달과 아주 밀접하다. 칼과 같이 날카로운 것이 사람의 살을 뚫고 들어가는 것을 막기 위해 여러 겹으로 된 보호장비를 착용하거나 미스릴(Mithril) 갑옷처럼 철을 엮어서 만든 장비를 입기 시작했다. 그런데 공격하는 사람은 활을 활용해 화살의 운동에너지로 보호장비를 뚫고 피해를 주기 시작했다. 이런 화살을 막기 위해 철갑옷을 입었다. 이후, 활보다 조금 더 강력한 석궁을

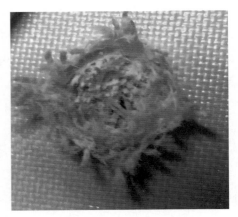

〈총알에 맞은 방탄복 섬유의 모습〉

사용하기 시작했을 때에는 더 두꺼운 보호장비를 입어야 했다. 무기의 살상력이 높아질수록 보호장비의 방어력도 높아져야 했다.

보호장비의 방어력에는 문제점이 있다. 보호장비가 두껍고 경도가 셀수록 방어력은 늘어나지만, 그에 따라 무게가 무거워진다. 다시 말해 보호장비를 많이 착용할수록 기동성은 떨어지고 체력 소모도 상당히 커지는 것이었다.

이에 따라 가벼우면서도 방어력이 좋은 재질을 보호장비에 적용하면서 오늘날처럼 '방탄' 장비들이 발전하게 되었다. 보호장비의 재질은 면이나 구리, 철 등을 거쳐 합성섬유인 케블라(kevlar)나 세라믹(ceramic)까지 발달하였다.

케블라는 같은 무게의 강철보다 5배 정도 튼튼하고, 케블라 섬유로 만든 천을 여러 겹 겹치면 총알이 회전하면서 케블라 섬유들과 엉키면서 방탄장비를 뚫지 못하게 된다. 마치 총알이 여러 겹으로 둘러싸인 섬유 숲을 뚫고 지나가려 하지만 거미줄에 걸린 것처럼 다량의 섬유에 얽히고설키다가 뚫지 못하는 것과 같다.

〈방탄유리〉 〈방탄 타이어(Flat tire)〉

방탄조끼에 총알을 맞았을 때 충격량까지 흡수하는 것은 아니다. 일부 충격량은 흡수되지만 여전히 총알의 충격량은 크기 때문에 케블라로 된 방탄 장비가 찌그러지면서 갈비뼈를 부러뜨리거나 내부 출혈을 일으키는 경우도 있다.

방탄유리는 유리와 유리 사이에 방탄 필름을 입힌 유리를 여러 겹으로 해서 만든다. 총알이 방탄유리를 뚫으려고 할 때 여러 겹의 필름과 얽히고설키면서 뚫지 못하는 것이다. 방탄타이어는 고무에 총알이 맞든 폭파에 의해 터지든 어느 정도 시속으로 달릴 수 있는 것을 'Flat tire'라고 하는데, 공기보다 고무의 양을 늘려서 바람이 빠지더라도 고무 자체로 굴러가는 단순한 원리이다.

군에서 사용하는 방탄 장비는 대부분 미국 법무부 산하의 연구소에서 규정한 NIJ(National Institute of Justice) 표준에 따라 인증절차를 거친다. NIJ 인증레벨은 1에서 4까지 있고 각각의 방탄 테스트를 통해 부여된다. 예를 들어 NIJ 레벨IIIA(3A)가 방탄헬멧의 방탄 정도이고 대부분의 권총탄을 방어할 수 있는 정도로 알려진 레벨III(3)는 7.62×51mm NATO 탄을 방어할 수 있다고 한다. 흔히 방탄헬멧은 권총탄은 막을 수 있으나 소총탄은 막을 수 없다고 얘기한다. 그러나 이 말은 NIJ 인증레벨의 정의에 따른 문장처럼 들릴 수 있으나 단순하게 해석해서는 안 된다.

총마다 총열의 길이가 다르고, 사용 총알에 따라, 총과 표적과의 거리에 따라 총알로 전달되는 운동에너지가 다르다. 예를 들어 권총탄의 운동에너지가 높은 가까운 거리에 놓인 방탄헬멧은 권총탄을 방어하지 못하고 관통될 수도 있고, 소총탄의 운동에너지가 낮은 먼 거리에 놓인 방탄헬멧은 소총탄을 방어할 수 있다. 즉 정통으로 맞느냐 빗맞느냐, 가까운 거리인지 먼 거리인지 등 상황에 따라 달라질 수 있다.

지금까지 총탄과 방탄의 원리를 알아보았다. 방탄 장비들은 지속적으로 총알을 막아주는 완벽한 존재가 아니다. 방탄조끼는 총알 1발을 맞으면 이를 방어해내거나 관통되겠지만, 방어한다고 해도 1발을 맞은 상태에서는 이미 방탄조끼 내부의 물질이 뒤틀리고 깨져서 더는 정상적인 방어능력을 발휘할 수 없다.

4. 스텔스와 레이더의 원리

　　하늘을 날고 싶다는 라이트 형제의 소망에서 시작된 항공기는 우주선까지 발전하며 우리 생활과 밀접한 관계가 되었다. 제1차, 제2차 세계대전은 항공기를 전장에서 어떻게 활용할지 고민하는 과정임과 동시에 항공기를 비약적으로 발전시킨 계기였다.

　　제1차 세계대전 초기 유럽 국가들은 걸음마를 뗀 항공기와 항공산업을 전장에 활용하기 시작했다. 독일의 제플린 비행선은 정찰용이나 공중폭격용이었지만 제대로 활용하기에는 단점이 많았다. 작은 항공기 정찰과 포탄의 탄착지점을 확인하는 용도로 활용되면서 전장에서 항공기의 필요성을 증대시켰다.

　　제2차 세계대전 전까지 많은 국가들은 항공기를 활용한 새로운 전장이 펼쳐질 것을 예상이라도 한 듯 항공기와 항공산업을 발달시켰다. 항공기는 정찰기나 폭격기 그리고 전투기의 발전이 급속도로 이루어졌기에 공중전뿐만 아니라 해상전의 모습도 바꿔놓았다.

　　1940~41년 독일의 영국 대공습, 독일이 점령한 유럽지역에 대한 영국과 미국의 폭격, 태평양 전역에서는 항공모함 등장과 이를 해상기지로 삼은 항공기들의 광범위한 임무와 활동은 이전과는 전혀

〈독일의 제플린 비행선〉

〈제1차 세계대전 당시 항공기의 모습〉

다른 전장의 모습을 보여주었다.

　　항공기의 발달로 말미암아 이를 방어하기 위해 항공기의 위치
를 파악해서 조기경보를 하는 시스템을 구축해야 하는 상황이 되었
고 이는 자연스레 레이더와 방공체계의 발달로 이어졌다.

　　항공기와 레이더는 공격하는 자와 이를 막기 위한 자의 창과 방

〈영국을 공습하는 독일군 항공기〉　　　　〈항공모함〉

패의 관계이고, 레이더라는 방패를 뚫기 위해 개발된 것이 스텔스 기술(레이더에 의한 항공기, 마시일의 조기 발견을 곤란하게 하는 기술)이다.

레이더(RADAR)는 Radio Detecting And Ranging의 약어인데, '전파 감지와 정렬'이라는 뜻이다. 쉽게 말해 물체를 탐지하기 위한 장치이다. 레이더는 도플러 효과(Doppler effect)를 활용하면 물체와 물체 사이의 거리를 구할 수 있다.

도플러 효과를 활용하면 우리가 산에 올라갔을 때 맞은편 봉우리를 향해 외치면, 내가 위치한 산과 맞은편 봉우리 사이의 대략적인 거리를 구할 수 있다. 소리를 외치고 나서 메아리가 들리는 시간을 계산한다. 총 시간은 소리가 가는 시간과 맞은편 봉우리에 반사되어 돌아오는 왕복시간이므로, 이를 반으로 나누고 공기 중 음속 340m/s를 곱하면 대략적인 거리를 구할 수 있다. 번개가 쳤을 때 몇 초 뒤에 천둥소리가 들리는지 계산하면 번개의 대략적인 위치를 알 수 있는 것도 이와 비슷한 원리이다.

도플러 효과를 활용하여 음파의 높낮이를 통해 대상의 이동속도도 파악할 수 있다. 거리에서 사이렌을 울리는 자동차가 이동할 때 멀리 있을 때보다 가까이 있을 때 소리가 더 크게 들린다. 멀리 사이렌을 울리는 자동차가 있을 때 전파되는 소리와 이동하면서 발생하는 소리가 더해져서 더 크게 들리는 것인데, 사이렌 소리가 크

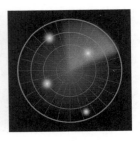

〈레이더의 모습〉　　　　　　　　　〈레이더에서 보여주는 화면〉

게 들릴수록 음높이가 높아지기 때문에 이러한 음파의 높낮이 차이를 이용해 이동 속도를 계산할 수 있다.

　실생활에서 소리를 듣는 것은 부정확할 가능성이 높다. 하지만 레이더는 마이크로파를 사용하여 대상의 위치와 속도를 파악하기 때문에 정확도가 높다. 레이더에서 대상으로 발신한 마이크로파가 대상에 부딪히면 대부분의 마이크로파는 사방으로 반사되면서 분산되지만 일부는 레이더 수신기로 되돌아온다. 이렇게 반사되어 돌아오는 마이크로파를 붙잡아 증폭하고 레이더 내부의 컴퓨터가 계산해 대상과의 거리와 속도를 파악한다.

　레이더는 대상의 거리와 속도뿐만 아니라 고도와 비행 방향까지 추적할 수 있다. 레이더의 목표 대상은 항공기뿐만 아니라 기상 현상이나 미사일, 해상의 선박, 우주의 비행체 등까지 파악하고 분석할 수 있다.

　레이더에도 문제점은 있다. 레이더 신호는 주로 금속과 탄소섬유에 반사되는데, 전파를 흡수하는 특정 물질에서는 레이더 신호가 반사되지 않는다. 레이더와 대상 사이에 건물이나 산 같은 장애물이나 장치 내부적인 요소와 대기 중의 물질에 의해 간섭이 일어날 가능성이 높다.

레이더의 발전으로 비행체뿐만 아니라 포병의 포탄 방향이나 원점의 위치까지 알게 되면서 방패의 승리(?)로 끝날 듯 하였으나 다시 창의 반격, 스텔스 기술이 등장한다.

스텔스(Stealth)는 '살며시, 잠행하다'는 뜻인데 현재는 레이더에 탐지되기 어려운 상태를 의미한다. 스텔스 기술은 레이더가 탐지하기 어려운 것일 뿐, 탐지가 전혀 안 되는 것이 아니고 새보다도 작게 탐지되므로 확인하기 어려운 것이다. 레이더가 발사한 전파가 탐지목표에 반사되어 돌아오는 전파를 바탕으로 탐지목표의 위치와 속도를 예측한다고 했는데, 이때 레이더에 나타나는 탐지물체의 반사면적을 RCS(Radar Cross Section)라고 한다. 다시 말해 RCS가 작을수록 탐지하기 어렵고 어떤 물체인지 구분하기 힘들다.

보통 사람의 RCS가 $1m^2$ 정도, 큰 새는 $0.75m^2$ 정도, F35A 전투기의 RCS는 $0.001m^2$ 정도, F22 전투기는 $0.0001m^2$ 정도라고 하니 레이더에서는 스텔스 기술이 장착된 전투기는 곤충이나 골프공처럼 보여 탐지가 어렵다.

스텔스에는 어떤 기술이 적용되었기에 이렇게 레이더에서 아주 작게 탐지되는 걸까?

스텔스 기술은 '스타크래프트' 테란의 유닛인 레이스나 고스트처럼 아예 투명한 상태를 만드는 기술은 아니다.

항공기 동체를 각지게 만들면 레이더파의 반사 각도가 다양하게 일어나는 난반사가 되어 RCS를 줄일 수 있다. 항공기 날개를 최대한 얇게 만들면 레이더파가 날개에 도달했을 때 뒤로 흘러 퍼지는 면적을 늘려 레이더로 반사되어 돌아가는 것을 최소화할 수 있다.

동체를 각지게 만들었는데 동체 외부에 다른 물체가 있거나 외부 발열이 발생하면 레이더나 적외선 센서에 탐지되기 아주 좋은 상태가 된다. 그래서 스텔스는 미사일이나 연료탱크를 내부 무장장치

〈F117 스텔스기〉

〈F22 전투기의 내부 무장 모습〉

에 숨긴다.

　　항공기 엔진의 외부 발열 또한 적외선 센서에 쉽게 탐지되기에 기체 안쪽에 설치해 외부 발열을 최소화하는 동시에 냉각공기를 함께 배출하여 주변 공기흐름과 혼합시키는 기술까지 활용한다. 엔진의 공기흡입구로 레이더 전파가 들어와 엔진이 탐지될 수도 있기 때문에 이를 방지하기 위해 공기흡입구를 S자형으로 만들어 전파가 안에서 반사되도록 만든다.

전투기 조종실 창문 또한 내부장치가 반사될 수 있기 때문에 '전도성 금속체'를 조종실 창문에 바르기도 하고, 스텔스 항공기 외부에 레이더파와 적외선을 흡수할 특수 도료를 칠하기도 한다. 이런 도료는 벗겨질 수 있기 때문에 항공기 표면을 여러 겹으로 얇게 만들어 일부 표면이 파손되더라도 스텔스 기능이 지속될 수 있도록 한다.

모든 기술은 장단점이 있기 마련이다. 무엇을 극대화하려면 무엇을 포기해야 한다. 스텔스가 제 아무리 뛰어나더라도 동체의 특성 때문에 기동성능이 떨어지는 단점이 있다. 이를 보완하기 위해 고출력 엔진을 개발하는 추세이다.

스텔스의 개발은 레이더의 개발로 이어지기에, 반사면적을 줄이고 전파를 흡수하는 스텔스의 특성을 역이용해 전파를 흡수할 때 발생하는 미세한 열을 찾아내는 기술도 개발되었다고 하니 스텔스와 레이더, 창과 방패의 싸움은 현재 진행형이다.

5. 가성비 갑, 지뢰

　제2차 세계대전 때에 독일군은 연합군의 상륙을 막기 위해 덴마크 스캘링엔(Skallingen) 반도에 지뢰를 200만 개 가량 매설했다. 이렇게 매설한 지뢰는 전쟁 중에 많은 양이 폭발하였으나 일부는 유실되거나 제거되지 않은 채 남아 있었다. 제2차 세계대전 이후 덴마크는 해변에 남아 있는 지뢰 4만 5천 개 가량을 제거하기 위해 패전국인 독일군 소년병 2천여 명을 동원하였다. 이들은 쇠꼬챙이로 땅속을 찔러서 지뢰를 발견하고 땅을 파서 제거하는 방식으로 지뢰를 제거해 나아갔다. 이 과정에 참여한 독일군 소년병 절반이 사망하거나 부상을 당하게 된다. 이는 제2차 세계대전을 바탕으로 한 영화 '랜드 오브 마인'의 내용이다.

　영화는 독일군 포로에 대한 분노와 연민 그리고 전쟁의 참상을 잘 나타냈다. 보이지 않는 지뢰를 제거하면서 언제 부상당하거나 죽을지 모른다는 두려움. 그 두려움 속에서 수많은 독일군 포로들이 지뢰를 밟고 죽어나가는 모습을 그리는 영화는 지뢰라는 무기의 잔혹함을 떠올리게 했다. 이렇게 잔혹한 무기인 지뢰를 제2차 세계대전에서 왜 이렇게 많이 사용했을까?

〈'랜드 오브 마인'의 내용이 실화라는 사실이 놀랍다〉

  기술이 발전함에 따라 무기에 적용되는 기술력도 날로 발전하고 있다. 높은 기술력이 사용되는 무기는 가격이 비싸질 수밖에 없다. 무기의 성능이 좋을수록 가격이 비싸지고 만들기 어려워진다. 기술력이 좋은 무기가 파괴력이 좋은 것은 당연하다. 한 발에 몇 억 원씩 하는 미사일이나 한 대에 몇 백억씩 하는 전차의 파괴력은 실로 어마어마하다. 하지만 전쟁에서는 무기의 파괴력이 중요하지만 그에 못지 않게 중요한 것은 사용하는 무기의 가성비(가격 대비 성능)이다. 아무리 좋은 무기라도 많이 만들지 못하고 사용하기 어려우면 널리 쓰일 수 없다. 파괴력이 떨어지더라도 가격이 싸고 생산하기 쉬운 무기가 전쟁에서는 더욱 선호되기 마련이다. 이러한 면에서 지뢰는 가성비 좋은 무기의 선두 주자이다.

  전쟁 중에 지뢰를 많이 쓰는 이유는 가격 대비 성능, 즉 가성비가 좋기 때문이다. 지뢰의 가성비가 얼마나 좋은지 살펴보기 전에 우리나라에서 현재 사용하는 재래식 지뢰의 종류를 알아보자. 우리나라에서 사용하는 지뢰는 대인지뢰인 M14, M16A1과 대전차지뢰인

[+] 지뢰의 종류

구분		사 진	특 징
대인 지뢰	M14		• 중량: 112g • 재질: 플라스틱 • 폭발형태: 폭풍형 • 초발형태: 압력식(9~15kg) • 살상효과: 접촉지점 상해
	M16A1		• 중량: 3.5kg • 재질: 강철 및 주철 • 폭발형태 – 도약식 공중폭발(0.6~2.4m) • 초발형태 – 압력식(3.6~9kg) – 인력식(1.35~4.5kg) • 살상반경: 27m • 위험반경: 183m
대전차 지뢰	M15		• 중량: 13.5kg • 재질: 강철 • 폭발형태: 폭풍형 • 초발형태 – 압력식(136kg~182kg) – 수평력식(1.7kg) • 특이사항 – 부비트랩 설치로 인력식, 압력해 제식 폭발 사용 가능
	M19		• 중량: 12.7kg • 재질: 플라스틱 • 폭발형태: 폭풍형 • 초발형태 – 압력식(159~227kg) • 특이사항 – 부비트랩 설치로 인력식, 압력해 제식 폭발 사용 가능

K442 (훈련용 교보재는 K441)		• 중량: 7.9kg
		• 높이
		  - 휴즈결합 시 20cm
		  - 돌출봉결합 시 81cm
		• 재질: 냉각 압연 강판
		• 폭발형태: 폭풍형
		• 초발형태
		  - 수평력(1.7kg/돌출봉 사용)
		  - 수직압력(133kg)
		• 특이사항: 자폭기능 사용 가능

M15, M19, K442가 있다(사진은 연습용 지뢰고 실제 지뢰는 국방색으로 도색).

대인지뢰인 M14 지뢰는 '발목지뢰'라고도 한다. 말 그대로 폭발 시 발목을 날려버리는 정도의 폭발력을 지녔다. 사람을 죽이거나 크게 다치게 하는 폭발력은 아니다. 다음으로 M16A1 지뢰는 폭발 시 수많은 병력을 전투 불능으로 만들 수 있는 파괴력을 지녔다. 지뢰를 밟았을 때 지뢰가 2.4m 가량 솟구친 다음 폭발하여 반경 27m 이내의 인명을 살상할 수 있는 파괴력을 지녔다. 대전차지뢰는 전차가 지나갈 때 전차의 무게 및 진동을 감지하여 폭발하고 이로 인해 전차의 궤도를 파괴하고 전차 하부판을 관통하여 전차를 전투 불능으로 만든다. 이러한 지뢰의 파괴력은 소총이나 수류탄, 폭약에 비해 뛰어난 것은 아니다.

그렇다면 왜 지뢰가 가성비가 좋다고 하는가?

첫째, 지뢰는 가격이 싸다. M14 대인지뢰는 한 발에 만 원 정도이다. 한 발에 몇 천만 원씩 하는 미사일이나 전차 포탄에 비하면 거의 공짜이다. 이렇게 가격이 저렴하기 때문에 지뢰 수백수천 개를 매설하는 것이 가격면에서 부담되지 않는다. 가격이 싸다고 해서 파괴력이나 효과까지 저렴하지는 않다. 우리나라 재래식 지뢰 중에 파괴력이 가장 약한 M14 지뢰도 밟았을 경우에 최소 1명이 전투 불능이 되고, 그를 부축하기 위해 또 다른 1명 이상이 정상적인 전투가 제한된다. 만 원 남짓밖에 안 되는 지뢰 한 발로 최소 2명의 전투력을 무력화할 수 있다.

세계대전의 통계에서 1명을 사살하기 위해서 수만 발의 탄약이 소모되었던 것에 견주면 지뢰의 가성비가 매우 뛰어남을 알 수 있다. 또 대전차지뢰도 개당 6만 원 정도이지만 한 대에 수십억 원씩 하는 전차나 장갑차, 자주포 등을 무력화할 수 있다면 얼마나 이득인가. 다시 말해 지뢰를 수천수만 발 사용해 그중 한두 발만 제대로 작동하여도 본전 이상은 한다는 것이다. 따라서 경제적인 면에서 지뢰는 가성비 최고의 무기라 할 수 있다.

둘째, 지뢰는 노력 대비 효율이 좋다. 지뢰를 만드는 데 사용되는 기술은 단순하다. M14 대인지뢰는 지뢰의 압력부에 압력이 가해지면 휴즈가 작동하면서 초발작용이 일어난다. 이 영향은 발화장치에 의해 힘이 전달되어 뇌관을 폭발시킨다. 뇌관의 폭발력은 이어서 기폭제를 폭발시키고, 기폭제의 폭발력이 최종적으로 주 장약을 폭발시키면 지뢰의 폭발력이 나타난다. 대부분의 지뢰는 이와 같은 원리로 작동한다.

이렇게 작동원리가 단순하기 때문에 짧은 시간에 대량으로 생산할 수 있고 전쟁에서도 대량으로 사용할 수 있다. 또 지뢰는 사용방법이 단순하다는 장점이 있다. 전쟁 중 사용되는 대부분의 무기가 적의 위치를 파악하고 직접 사용해야 한다. 심지어 가장 기본적 무기인 개인 소총조차도 적을 조준하고 방아쇠를 당기고 재장전해야 한다. 고장이라도 나면 응급조치하고 수리해야 한다.

하지만 지뢰는 사용하는 데 드는 노력이 다른 무기에 비해 현저

힘

초발/
휴즈작용

뇌관작용

기 폭 제 폭 발

지뢰본체

주 장 약 폭 발

〈지뢰의 폭발 원리〉

히 작다. 지뢰를 묻기 위해 땅을 파야 하기는 하지만 조준하고 맞히고 수리하는 것에 비해서는 노동의 수준이 낮다. 그리고 소총이나 수류탄 같이 전투상황에서 긴급하게 사용해야 하는 무기들은 생명의 위협을 받는 상황에서 사용해야 하기 때문에, 이러한 판단을 내리는 데에 뇌에 많은 부하가 걸린다. 하지만 지뢰는 대부분의 경우 미리 매설하기 때문에 뇌에 걸리는 부하가 작다. 생명의 위협을 받지도 않고 땅을 파는 데 높은 집중력이 필요하지 않기 때문이다. 그래서 상대적으로 노력이 적게 들어가고 실수할 확률도 낮다. 여기까지만 해도 지뢰가 다른 무기에 비해 사용하는 데 얼마나 적은 노력이 드는지 알 수 있다.

여기서 끝이 아니다. 묻어 놓기만 하면 그 다음부터는 신경쓸 필요가 없다. 미리 설치해놓고 적이 왔을 때 폭발시킨다는 점에서 지뢰와 비슷한 점이 있는 크레모아나 폭약 같은 경우 설치해 놓고 적이 나타나거나 폭파시킬 때 누군가는 점화기를 눌러야 효과를 볼 수 있다. 누군가는 폭파를 하기 위해 주변에 남아서 작전 중에 주의를 기울이고 있어야 한다는 것이다. 최악의 경우 지뢰를 폭발시키기 위해 남아 있던 인원이 사망하거나 통신이 끊겨 점화기를 제때 누르지 못하면 이런 무기들은 아무런 효과를 발휘할 수 없다.

그러나 지뢰는 매설만 해놓으면 그 이후에는 작동에 신경쓸 필요가 없다(전쟁 후에 지뢰 제거는 전쟁 중 일어나는 일이 아니므로 논외로 하자). 누군가 남아서 폭파시킬 필요가 없다는 것에서도 엄청난 노력을 절약할 수 있다. 이렇게 전쟁 중에 무기 사용자의 노력을 절약할 수 있어서 지뢰의 가성비는 뛰어나다고 할 수 있다.

셋째, 지뢰는 성능 대비 효과가 좋다. 앞서 말했던 것처럼 지뢰의 폭발력은 다른 무기들에 비해 뛰어나지 않다. 폭발한 일대를 쑥대밭으로 만드는 고가의 미사일이나 전차 포탄에 비하면 지뢰의 폭발력은 한없이 초라하다. 하지만 이 폭발력은 거시적인 관점에서 중요하지만 개개인이나 소규모 부대의 관점에서는 크게 중요하지 않다. M16지뢰를 밟아서 죽거나 몇 십억 원짜리 미사일에 맞아서 죽거나 죽는 것은 마찬가지다. 오히려 소규모 부대는 지뢰를 밟아서 피해를 입을 확률이 훨씬 높다. 소규모 부대를 공격하는 미사일은 드물지만 단가가 싸고 설치하기 쉬운 지뢰는 언제, 어디에, 얼마나 매설되어 있을지 모르기 때문이다.

영화에서처럼 200만 발이라는 어마어마한 양의 지뢰를 매설한다면 그 지역 지뢰를 밟을 확률은 높지 않겠는가? 이러한 심리적인 요인과 지뢰의 특성으로 인해 지뢰는 성능 대비 효과가 엄청나다.

앞서가던 정찰병이 지뢰를 밟아서 피해를 입었다면 뒤따르던 본대가 아무 걱정 없이 그 길을 갈 수 있겠는가? 실제로는 지뢰가 더 매설되어 있지 않더라도 계획대로 그 길을 지나갈 수 없을 것이다. 지뢰가 더 있는지 확인하고 매설된 지뢰 제거에 드는 비용과 시간, 노력을 고려했을 때 지뢰 몇 발만으로도 어마어마한 효과를 낼 수 있다. 현대전에서는 속도가 생명인데 가격도 싸고 파괴력도 그다지 크지 않은 지뢰 몇 발 때문에 부대 전체가 기동하지 못하고 발이 묶인다면 얼마나 큰 손해인가. 이만하면 성능 대비 효과 면에서 자랑할만 하지 않은가?

재래식 지뢰는 가성비가 좋다는 장점이 있는 반면에 결정적인 단점이 있다. 바로 사용자가 원할 때 사용하지 못한다는 점이다. 단순히 매설만 해놓으면 적이 밟고 폭발한다는 것이 사용자 노력 절감이라는 장점이지만, 한편으로는 원할 때 폭발시킬 수 없다는 단점이

[+] 원격운용통제탄

사 진	특 징

	• 중량: 10kg
	• 감지방식: 인계선식
	• 살상반경: 16m
	• 가격: 약 5,000만 원
	• 특이사항
	  – 1세트당 6발 무장
	  – 최대 3km 떨어진 곳에서 원격통제 가능
	  – 다양한 지역 및 악기상에서도 사용 가능

기도 하다. 이러한 단점을 보완하기 위해 우리 군에서 도입한 것이 '원격운용통제탄'이다. 원격운용통제탄은 기존 지뢰처럼 적이 밟고 폭발하기를 기다리는 것이 아니라 사용자가 원할 때 폭발시킬 수 있다. 최대 3km 떨어진 곳에서도 원격으로 폭파시킬 수 있다. 원격운용 방법뿐만 아니라 인계철선을 이용하여 기존 지뢰처럼 적이 건드리면 폭발할 수 있게 재래식으로 운용할 수도 있다. 이를 통해 지뢰는 사용자가 원할 때 폭발시킬 수 없다는 단점을 극복하고 가성비 최고인 무기로 거듭났다.

지뢰의 종류와 특징, 가성비를 알아봤다. 이렇게 지뢰는 가성비가 뛰어나서 전쟁 중에 많이 사용되고 그 효과도 좋았다. 하지만 영화에서 나왔던 것처럼 전쟁이 끝난 뒤에 이를 제거하는 데 시간과 노력이 많이 소비된다. 또한 유실된 지뢰를 밟고 민간인이 피해를 입은 사례도 발생한다. 지뢰의 장점 이면에 숨어 있는 단점을 이해하고 적절하게 사용해야 하는 것은 전쟁을 하는 사람들의 몫이다.

6. 지뢰가 하늘을 날아다닌다고?

　　2004년에 개봉한 영화 '태극기 휘날리며'는 6.25 전쟁을 배경으로 한 영화다. 영화에서 형으로 나온 장동건(이진태 역)은 동생 원빈(이진석 역)의 안전을 위해 위험한 작전에 자처해서 나선다. 그중에는 적의 진출을 저지하기 위해 지뢰를 매설하는 작전도 있었다. 변변치 않은 장비와 병력으로 지뢰 매설 작전을 진행하는 것은 큰 위험이 따르는데, 지뢰 매설 도중 적에게 발각되면 부대원의 생존이 위협받는 상황이었다. 지뢰를 다 매설하고 부대로 복귀하려던 순간 적의 공격으로 아군은 피해를 입고 지뢰 매설 작전도 실패했다.

　　영화에서 지뢰 매설 작전이 실패한 가장 큰 이유는 지뢰를 매설하려는 지역의 안전이 확보되지 않은 상황이었기 때문이다. 지뢰는 매설 시간이 오래 걸릴 뿐만 아니라 지뢰를 매설하는 동안에는 대부분의 병력이 무방비 상태로 노출되기 때문에 피해가 더 컸다. 영화에서처럼 실제 전장에서도 지뢰를 활용하는 데 몇 가지 제한사항이 있다. 지뢰 매설에는 시간이 오래 걸리고 그만큼 적에게 노출되는 시간이 길어져 매설 병력이 생존성에 위협을 받는다는 점이다. 적의 위협이 없는 상황에서 느긋하게 설치하면 이런 점들이 제한사항이

〈위험을 무릅쓰고 지뢰를 매설하는 영화 장면〉

되지 않겠지만, 작전이 변하고 속도가 생명인 전장에서는 큰 제한사항으로 작용할 수 있다.

　지뢰의 이러한 단점을 어떻게 보완할 수 있을까? 땅을 파서 지뢰를 매설하지 않고 지뢰를 발사해서 지뢰지대를 설치하면 어떨까? 이런 말도 안 될 것 같은 생각이 현실화되었고 실제 전장에서도 쓰이고 있다. 날아다니는 지뢰인 '살포식 지뢰'에 대해 알아보자.

　한국에서 사용 중인 살포식 지뢰의 종류는 크게 두 가지다. '지상살포식 지뢰'와 '야포살포식 지뢰'이다. 이 두 가지 지뢰는 지뢰를 땅에 매설하지 않고 살포해서 설치한다는 면에서는 같지만 운용 방법에서 차이가 있다. 이 두 가지 지뢰 중 먼저 지뢰지대를 설치하는 현장에서 병력이 지뢰를 직접 살포하는 '지상살포식 지뢰'에 대해 알아보자. 지상살포식 지뢰는 KM138이라는 지뢰살포기를 이용해 지뢰를 투발하여 지뢰지대를 설치한다. 투발하는 지뢰의 종류는 대인지뢰인 M74지뢰와 대전차지뢰인 M75지뢰가 있다. 지뢰살포기와 M74 대인지뢰, M75 대전차지뢰의 형태와 제원은 다음과 같다.

구분	사 진	특 징
지뢰살포기 (KM138)		• 중량: 85kg • 사용지뢰 – M74 대인지뢰 – M75 대전차지뢰 • 살포거리: 30~40m • 살포주기: 1발/10초 • 점화방식 – 1차: 회전활성 – 2차: 유도전압인가 • 단가: 6,500만 원
M74 대인지뢰		• 기폭방법: 인계선 • 살상반경: 10m • 특징 – 장전 시 인계철선 방출(4개) – 상황에 따라 단자폭(4~5일) 및 장자폭 (12~15일)으로 구분 사용 가능
M75 대전차지뢰		• 기폭방법: 자기감응 • 살상력 – 적전차 하부 관통 및 승무원 격멸 가능 • 특징 – 상황에 따라 단자폭(4~5일) 및 장자폭 (12~15일)으로 구분 사용 가능

　　지뢰살포기를 가동시킨 상태로 지뢰를 살포기 안에 넣으면 살포기가 지뢰에 빠른 회전을 가해 지뢰를 발사시킨다. 이때 지뢰에 가해진 빠른 회전을 통해 지뢰가 1차 장전되고, 1차 장전된 상태로 투발된 지뢰는 지상에 안착된다. 이렇게 1차 장전이 된 후 50분 가량 지나면 인계철선 네 개가 사방으로 방출되면서 최종 장전된다(대전차지뢰는 인계철선이 방출되지 않음). 지뢰살포기를 운용하는 방법은

〈지상살포식 지뢰 발사 모습〉

전투장갑도저(KM9ACE: 장갑화되어 있는 불도저)나 군용 차량에 지뢰 살포기를 설치한 후 사용자가 지뢰를 직접 투발하는 방식이다.

지뢰살포기가 지뢰에 회전을 가해서 1차 장전을 한다고 하였는데, 이때 지뢰살포기의 회전율을 달리하여 지뢰의 자폭시간을 결정할 수 있다. 자폭시간을 단자폭으로 설정하면 지뢰 설치 후 4~5일 지나면 자폭하게 되고, 장자폭으로 설정하면 12~15일 지나면 자폭하게 된다.

지뢰가 활성화되는 과정을 다시 정리해 보면, 지뢰를 발사할 때 지뢰살포기는 회전율에 따라 지뢰를 단자폭이나 장자폭으로 1차 장전한 상태로 지뢰를 날려보낸다. 지뢰살포기를 떠난 지뢰는 하늘을 날아 지상에 안착되고, 50분 가량 지난 후에 사방에서 인계철선이 나오면서 최종 활성화된다(대전차지뢰는 인계철선이 방출되지 않음). 활성화된 지뢰는 인계철선을 건드리면 폭발하게 된다(전차가 지나갈 때

전자기 유도를 통해 폭발함).

　살포식 지뢰는 재래식 지뢰와 크게 다른 점이 있다. 바로 지뢰가 지상에 노출된 상태로 설치된다는 점이다. 재래식 지뢰는 일반적으로 적이 지뢰를 쉽게 발견·제거하지 못하게 하기 위해 땅에 묻어서 설치한다. 하지만 살포식 지뢰는 지상에 노출되어 있어 적에게 쉽게 발견된다. 적이 바보가 아닌 이상 노출된 지뢰를 보고도 그냥 지나갈 리 없지 않겠는가? 조심스럽게 지뢰를 옮겨놓으면 아무런 피해 없이 지뢰지대를 지나갈 수 있지 않겠는가? 지뢰 개발자가 이러한 생각을 안 했을 리 없다. 살포식 지뢰는 재래식 지뢰처럼 땅에 묻혀 있지는 않지만 그렇다고 적이 함부로 제거할 수도 없다. 지뢰에 접근하다가 인계철선을 건드리면 당연히 폭발하고 지뢰를 들어서 옮기려고만 해도 지뢰가 폭발한다. 즉 사람이 접근하여 지뢰를 옮기거나 제거하기는 불가능하다.

　적의 기동을 차단하는 것까지는 좋은데 반대로 아군의 기동까지 방해하는 문제가 있지 않을까? 적군이 지뢰를 밟아서 제거해주면 좋겠지만 그렇지 않을 경우 오히려 아군의 기동을 방해하는 장애물 역할을 할 수 있다. 이는 지뢰의 '자폭기능'으로 해결할 수 있다. 앞서 설명했던 것처럼 지뢰를 투발하기 전에 지뢰살포기의 회전율을 달리하여 지뢰의 자폭시간을 설정한다. 작전 상황에 맞춰 자폭시간을 설정하면 일정 시간이 지나 더는 쓸모없게 되었을 때 지뢰가 자폭해 아군의 기동을 방해하지 않게 된다. 전장 상황에 따라 적의 진출은 막고, 아군이 진출해야 할 때는 이미 지뢰가 제거된 상태가 된다.

　지상살포식 지뢰는 어찌되었든 지뢰지대를 설치하려면 현장에 가야 한다. 적의 위협이 완전히 제거되지 않은 지역에서 생존성의 위협을 받으며 지뢰지대를 설치해야 할 수도 있다.

　야포살포식 지뢰는 지상살포식 지뢰의 문제점까지 극복한 지뢰

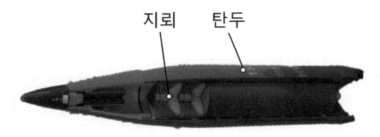

〈야포살포식 지뢰〉

※ 하나의 탄두에 지뢰가 여러 발 들어 있다.

이다. 야포살포식 지뢰는 탄두에 지뢰를 넣고 발사하여 원하는 지점에 지뢰를 떨어뜨리는 방식으로 설치한다. 지뢰지대를 설치하려는 지역에 적의 위협이 많든 적든 상관없고 설치하려는 지역이 멀든 가깝든 상관없다. 탄두를 날려보낼 사정거리 안이라면 지뢰지대를 설치할 수 있다. 필요에 따라 멀리 떨어진 적진 한가운데에도 지뢰지대를 설치할 수 있다.

야포살포식 지뢰는 지상살포식 지뢰와 마찬가지로 지뢰가 탄두에서 빠져나와 지상에 안착하고 난 뒤 지뢰에서 인계철선이 나오면서 활성화된다. 지뢰에서 나온 인계철선을 누군가 건드리면 폭발하게 된다(대전차 지뢰도 지상살포식 지뢰와 비슷하게 전차나 차량이 지나가면 전자기 유도를 통해 폭발함). 야포살포식 지뢰도 자폭기능이 있기 때문에 아군의 기동을 방해할 걱정은 없다. 특히 야포살포식 지뢰는 지상살포식 지뢰와 다르게 탄두에 실어서 발사하기 때문에 설치하려는 거리와 상관 없이 신속하게 설치할 수 있는 장점이 있다.

그러면 살포식 지뢰를 왜 사용하는 것일까? 첫째, 신속한 설치가 가능하기 때문이다. 일반 재래식 지뢰는 지뢰를 지상에 노출시켜 설치할 경우 적군이 발견하고 쉽게 제거할 수 있다. 따라서 제대로 된 지뢰의 효과를 얻으려면 땅을 파고 지뢰를 묻어야 한다. 문제는 생사를 넘나드는 전투 중에 시간이 오래 걸린다는 것이다. 재래식 지뢰지대 설치시간은 지뢰지대 크기에 따라 다르겠지만 한 개 소대 (대략 30명)가 작은 지뢰지대(50m×50m)를 설치하는 데도 4~5시간 이상 걸린다. 시간 여유가 있는 상황이라면 괜찮겠지만 한시가 급한 상황에서 이렇게 많은 시간이 소요되는 것은 작전에 영향을 미칠 정도로 치명적이다. 게다가 겨울철에 언 땅에서 지뢰를 매설하는 것은 시간이 많이 걸리는 것이 문제가 아니라 매설 자체가 불가능할 수도 있다.

이에 반해 살포식 지뢰를 이용한 지뢰지대 설치는 재래식 지뢰에 비해 시간이 매우 단축된다. 지상 살포식 지뢰는 KM9ACE(전투장 갑도저)나 군용차량에 살포기를 탑재한 후 이동하면서 지뢰를 투발하기 때문에 당연히 빠르다. 물론 빠르게 달리는 차량에서 투발하는 것은 아니지만 땅을 파지 않고, 지뢰를 운반하지 않는 것만으로도 설치시간을 단축할 수 있다. 야포살포식 지뢰는 지상살포식 지뢰보다도 설치가 더 빠르다. 지뢰지대를 설치할 현장에도 갈 필요 없이 지뢰가 들어 있는 탄두만 발사하면 되기 때문에 즉각적인 설치가 가능하다.

둘째, 설치하는 병력의 생존성을 확보할 수 있기 때문이다. 영화에처럼 재래식 지뢰 설치는 시간이 많이 걸리는 만큼 적에게 노출되는 시간이 길어진다. 그리고 지뢰지대를 설치하는 동안에 설치하는 쪽의 전투력은 급감하게 된다. 지뢰를 매설하기 위해 땅을 파는 것만 해도 힘든데 소총을 들고 어떻게 주변을 제대로 경계할 수 있겠는가. 적의 입장에서는 아군이 지뢰를 설치하는 동안은 공격하기에 최적의 시간이다.

또한 지뢰를 설치하는 동안에는 일정 구역 안에서만 움직이기 때문에 부대가 밀집한 상태이다. 이런 상황에서 적의 공용화기나 화력유도를 통한 폭격을 받으면 지뢰를 설치하는 부대는 큰 피해를 입거나 전투불능 상태가 될 수도 있다. 이렇게 목숨을 걸고 설치해야 하는 재래식 지뢰에 비해 살포식 지뢰는 생존성 확보에 훨씬 유리하다. 지상살포식 지뢰는 신속한 설치가 가능하기 때문에 적에게 노출되는 시간이 줄어든다. 설사 적에게 노출되더라도 KM9ACE(전투장갑도저)나 군용차량에 은엄폐가 가능하고, 차량을 타고 신속하게 전투현장 이탈이 가능하다. 심지어 야포살포식 지뢰는 설치하는 현장에 가지도 않기 때문에 적과 직접 마주칠 일조차 없다. 이처럼 살포식 지뢰를 이용하여 지뢰지대를 설치하면 아군의 전투력 손실을 최소화할 수 있다는 장점이 있다.

셋째, 설치하려고 하는 곳의 거리나 위치에 상관없이 설치 가능하기 때문이다. 이 말은 작전 상황에 따라 적진 한가운데도 지뢰지대를 설치할 수 있다는 것이다. 재래식 지뢰의 경우 적진 한가운데에 지뢰지대를 설치하는 일은 상상도 할 수 없다. 지뢰를 가지고 적진 한가운데로 가는 것이 불가능에 가깝고, 설사 적진에 들어갔다 하더라도 설치 과정에서 적에게 노출되어 전멸하고 말 것이다. 이렇게 적진 한가운데에 지뢰를 설치하는 것이 아니더라도 장애물을 추가로 설치해야 하는 경우가 있는데, 지뢰를 설치하는 부대와 멀리 떨어진 곳에 지뢰지대를 추가로 설치하는 것은 물리적으로 제한될 수 있다.

지상살포식 지뢰는 재래식 지뢰 설치에 비해 그나마 설치할 수 있는 가능성이 있다. 장비를 이용해 신속한 기동이 가능하고 설치 시간이 단축되기 때문이다. 그러나 이 또한 제한된 상황에서만 가능하다. 적의 위협이 큰 곳에서는 설치가 제한되기 때문이다. 하지만 야포살포식 지뢰의 경우 포의 사정거리 안이라면 어디든 지뢰지대 설치가 가능하다.

　이렇게 원거리에 설치 가능하다는 점을 이용해 전쟁을 유리하게 이끌어 갈 수 있다. 전쟁 중에 적의 추가부대가 투입되는 것을 막기 위해 적의 기동로상에 지뢰지대를 설치하여 적을 저지할 수도 있고, 적의 퇴각로를 차단하여 적을 괴멸할 수도 있다. 지상살포식 지뢰는 거리의 제약을 받지 않고 지뢰를 설치할 수 있기 때문에 전쟁의 판도를 바꿀 수 있는 효과적인 무기이다. 반대로 적의 입장에서는 언제, 어디에 설치될지 모르는 무시무시한 무기이다.

　지뢰라고 하면 땅을 파서 묻는 것으로만 생각하는 사람이 많은데 지뢰를 살포한다고 해서 놀란 사람도 있을 것이다. 과학기술의 발전에 따라 무기도 엄청난 속도로 발전하고 있다. 이렇게 과학이 빠른 속도로 발전하는 것으로 미루어 짐작했을 때 우리가 망상이라고 생각하는 무기들이 미래에는 실제 전쟁터에서 쓰일 수도 있다. '스타크래프트' 게임에 나오는 스파이더마인(Spider mine: 땅속에 숨어 있다가 적이 근처에 오면 적에게 달려가 폭발하는 지뢰)이 몇 년 후에는 현실 무기가 될 수도 있다.

7. 폭파를 무선으로

　제2차 세계대전을 배경으로 한 영화 '라이언 일병 구하기'는 시작부터 노르망디 상륙작전을 보여주면서 전쟁을 사실적으로 묘사하였다. 영화에서 밀러 대위는 팀원 8명을 이끌고 '라이언 일병'을 구하기 위해 이곳저곳을 누빈다. 어렵게 찾게 된 라이언 일병은 부대원을 버리고 혼자 떠날 수 없다고 하여 밀러 대위와 팀원들도 그곳에서 독일군을 막기 위한 마지막 전투를 준비한다. 그중 독일군을 저지하기 위해 폭약으로 다리를 폭파하는 장면도 있었다. 영화가 막바지에 이르렀을 때 밀러 대위는 다리를 폭파시키기 위해 점화기를 누르는 순간 적의 공격을 받아 다리를 폭파시키지 못한다. 다리를 폭파시키기 위한 폭약을 도전선에 연결하고 점화기로 터뜨리려다 보니 유선폭파를 위한 거리제한 때문에 발생한 문제이다. 실제 전쟁에서도 유선으로 폭파하려다가 여러 가지 문제점이 발생했다. 이러한 문제점을 보완하려는 것이 바로 무선으로 폭파하는 것이다. 전쟁 중 폭파 방법에 획기적인 변화를 준 '원격무선폭파세트'에 대해 알아보자.

　원격무선폭파세트에 대한 설명 이전에 기존의 유선 폭파 방법을 먼저 살펴보자. 유선 폭파는 폭약에 전기뇌관을 연결하고, 전기뇌

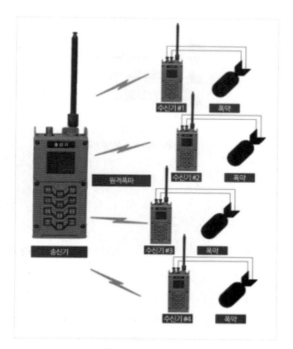

〈원격무선폭파세트〉

※ 송신기를 이용해 수신기에 폭파신호를 주면 수신기에 연결된 폭약이 폭파하는 원리다.

관을 도전선에 연결한 후 도전선을 점화호가 있는 장소까지 끌고오는 방식이다. 이후 폭파가 필요할 때 도전선에 연결된 점화장치를 이용하여 전류를 공급해서 폭발시키는 방식이다. 유선으로 폭파를 하다 보니 폭파를 위한 거리 제한이나 도전선이 훼손되는 등의 문제가 있다. 이러한 문제점을 해결하기 위한 것이 무선폭파 방식이다.

우리 군에서 무선폭파를 위해 사용하는 장비는 '원격무선폭파세트'이다. 원격무선폭파세트는 송신기 1개와 수신기 4개로 구성되어 있다. 수신기에 폭파 번호를 입력해 놓고 나중에 폭파시켜야 할 때 원거리에서 송신기를 이용해 폭파시키는 방식이다. 이뿐만 아니라

〈원격무선폭파세트의 통달거리〉
※ 한 개의 수신기에 여러 개의 폭약 설치도 가능하다.

송신기로 직접 제어하지 않고 일정 시간 지난 후에 폭파되는 시한폭파를 사용할 수도 있다.

원격무선폭파세트의 통달거리는 최대 5km이고 차폐되어 있거나 산림에서는 1km이다. 송·수신기 무게는 각각 600g으로 소형화·경량화를 통해 휴대하기 용이하며, 송신기 1대로 기본적으로 4대를 제어하고 최대 10대까지 제어 가능하다. 수신기에는 도전선을 100m까지 연장해서 폭약을 설치할 수 있어서 폭약으로부터 멀리 떨어진 곳에 수신기를 설치함으로써 폭파 후에 수신기를 회수하여 재사용할 수도 있다.

그렇다면 전쟁 중에 원격무선폭파세트를 이용하여 무선폭파를 하였을 때 좋은 점은 무엇일까? 원격무선폭파세트를 이용한 폭파의 장점은 크게 세 가지다. 첫째, 최종적으로 폭약에 점화하여 폭파시키는 폭파병의 생존성을 높일 수 있다. 폭파를 위해 폭약을 설치하고 회로구성을 할 때 미리 계획된 폭파물일 경우 근처에 점화호가 마련되어 있다. 점화호는 적의 공격으로부터 은엄폐가 가능하게 해주고, 폭파할 때 발생하는 충격파나 비산물로부터 아군을 보호해준다. 하지만 전쟁 중에는 항상 준비된 폭파물만 폭파하지는 않는다. 계획에 없던 폭파물을 폭파하는 경우가 많은데, 이때는 폭파병의 생존성을 보장해주는 점화호를 만드는 데 제한이 생긴다. 특히 유선폭파의 경우 폭파물로부터 일정 거리 이상 멀어질 수 없기 때문에 폭파병의 생존성이 더욱 떨어진다.

하지만 원격무선폭파세트를 이용할 경우 이러한 문제를 해결할 수 있다. 송신기와 수신기의 통달거리가 1~5km이기 때문에 폭약 설치 및 회로를 구성한 후에 충분히 이격된 거리에서 폭파 가능하다. 따라서 폭파할 때 발생하는 비산물로 인해 폭파병이 피해를 입을 확률은 낮아지고, 폭파물로부터 멀리 떨어져 있어 적의 공격에 노출될 확률이 작아지므로 폭파병의 생존성을 높일 수 있다. 폭파병의 생존성이 보장되기 때문에 폭파병이 두려움 때문에 폭약을 먼저 터뜨리거나 나중에 터뜨리는 일이 없어지고, 적의 공격을 받고 폭파를 시키지 못하는 일도 발생하지 않게 된다. 결과적으로 폭파병의 생존성을 높임으로써 작전을 성공적으로 완수할 확률도 높아진다.

둘째, 폭파의 불확실성을 낮출 수 있다. 유선으로 폭파할 경우 회로구성을 할 때 폭약과 점화를 하기 위한 장소까지 도전선을 연결해야 한다. 폭약이 설치된 장소와 폭파를 시키는 장소까지 거리가 멀지 않아 도전선의 길이가 짧으면 문제가 발생하지 않겠지만, 거리가 멀어질 경우 문제가 발생할 수 있다. 거리가 멀다 보니 회로를 구성하다가 도전선이 부족한 경우가 발생할 수도 있고, 도전선이 너무 길어지면 점화기의 전류가 약해져 점화기를 눌러도 폭약이 터지지 않을 수도 있다. 그리고 폭약 설치 및 회로구성이 끝난 뒤에 바로 폭파시키지 않고 시간이 경과된 후에 폭파시킬 경우 더 큰 문제가 발생할 수 있다. 도전선이 훼손되는 문제이다. 설치한 도전선의 길이가 길기 때문에 상대적으로 도전선이 훼손될 확률이 높고, 폭파되지 않았을 때 어디가 훼손되었는지 확인하기도 힘들다. 수시로 상황이 변하는 전쟁터에서 폭발물 폭파가 지연되거나 폭파를 하지 못하는 것은 패배와 직결될 수 있다. 그렇기 때문에 원격무선폭파세트를 이용하면 확실하게 폭파할 수 있는 것은 큰 장점이다.

셋째, '시한폭파' 기능을 이용하면 폭파병이 직접 폭파시키지 않아도 된다. 영화에서 폭약을 직접 터뜨리고 장렬하게 전사하는 모습을 보았을 것이다. 이처럼 유선폭파를 할 경우 누군가는 현장에 남아야 한다. 폭파를 위해 병력이 현장에 남게 되면 전력이 분산되어 전투력이 떨어질 뿐만 아니라, 적의 공격을 받거나 실수로 폭파를 제대로 하지 못할 수도 있다. 하지만 시한폭파를 이용해 폭파할 경우 정확한 시간에 확실한 폭파가 가능하다. 기껏 폭약을 다 설치해놓고 폭파시키지 못해 무사히 지나가는 적을 두 눈 뜨고 지켜보지 않아도 되는 것이다.

원격무선폭파세트에 대해 알아보았다. 원격으로 폭파시킨다는 것은 대단해 보이지 않을 수도 있다. 하지만 유선폭파만이 가능했던 전쟁터에선 무선폭파가 가능하다는 것은 엄청난 발전이다. 영화에서처럼 폭약을 설치해놓고 교량을 폭파시키지 못해서 애태우는 '고구마 100개 먹은 장면'은 더는 실제 전쟁에서 일어나지 않을 것이다. 원격무선폭파세트을 이용하여 '사이다 마신 것'처럼 시원하게 폭파시킬 것이기 때문이다.

8. 진격은 계속되어야 한다

'모든 길은 로마로 통한다'라는 말은 로마 시대에 그만큼 도로가 발달되어 있었다는 의미다. 로마 시대에 길이 잘 발달된 이유를 알아보자. 로마는 대략 8만 킬로미터의 가도를 통해 병력의 신속한 이동을 가능하게 함으로써 강력한 군대가 되었다. 로마 군단이 이용했던 가도는 고속도로에 해당되는 것으로, 신속한 군수 보급체계 및 병력이동 체계를 만들어 빠른 지원을 가능하게 했다. 로마로 통하는 모든 길은 로마가 전시에 사용하던 보급로였던 셈이다. 전장에서 기동에 불리한 지형을 만나면 임시로 보급로를 만들었고 이는 전쟁이 끝난 후에 로마 가도로 거듭났다. 강이나 하천과 같은 '간격'을 만나면 임시로 목교를 구축해 아군의 기동을 확보하였다.

이처럼 로마 시대에도 전시에 기동 확보가 중요했는데 속도가 중시되는 현대전에서 아군의 기동 확보가 더욱 중요해진 것은 당연하다. 과거에는 현대에 비해 전쟁이 빠르게 진행되지 않아 상대적으로 시간적 여유가 있었고 이동 장비가 무겁지 않아 강이나 하천 같은 '간격'을 극복하기 위한 임시 목교 설치에 큰 어려움이 없었다. 하지만 현대에는 급박한 전장 상황에서 신속한 기동로 확보가 필수이고, 기동하는 장비가 무거워져서 새로운 간격 극복 방식이 필요해졌다. 현대전에서 요구하는 신속성과 안정성을 갖춘 간격 극복 방법에는 무엇이 있을까? 우리 군에서 간격을 극복하는 방법에 대해 알아보자.

간격을 극복하는 방법은 간격의 종류에 따라 크게 두 가지로 나뉜다. 첫째, 하천이나 다리의 일부 구간이 절단된 것 같이 극복해야할 거리가 짧은 경우이다. 이런 상황에서는 극복해야 하는 길이나 전장 상황, 가용 장비 등을 고려하여 K1 AVLB, M2장간조립교, MGB를 이용하여 간격을 극복하고 아군의 기동 여건을 보장한다. 둘째, 강과 같이 극복해야 할 거리가 긴 경우다. 강을 건너기 위한 장비는 리본 문교와 리본 부교이다. 먼저 짧은 간격을 극복하는 장비부터 알아보자. 우리 군에서 사용하는 것 중에 가장 먼저 도입된 것은 M2장간조립교이다.

제2차 세계대전에서 미군이 독일군을 격파할 때 사용했다는 M2장간조립교는 최대 61m의 간격을 구축할 수 있으며, 기본적으로 인력으로 구축하고 긴 거리를 극복할 때 장비의 도움을 받는다. 이 조립교는 사람이나 차량뿐만 아니라 전차나 자주포도 통과가 가능할만큼 강도와 안전성은 타의 추종을 불허한다. 하지만 그 강도와 안정성을 갖기 위해 조립교 구축에 노력과 시간이 많이 들어간다.

기본적으로 M2장간조립교는 '장간'과 '횡골'이라는 부품을 계속연결하면서 다리를 구축하는 방식이다. 이러한 부품의 한 개 무게가 260~320kg에 달해 운반할 때 6~8명이 달라붙게 된다. 이렇게 무거운 부품으로 다리를 구축하는 데 걸리는 시간 또한 만만치 않다. 1개 소대 편성인원(30명 내외)보다도 많은 45명이 최소 극복거리인 20.5m를 극복하기 위한 조립교를 만드는 데 2시간 15분이 걸린다. 이 시간은 최소일 뿐이고 극복해야 할 거리가 길어질수록 소요 시간은 더욱더 늘어난다. 무거운 부품을 장시간 운반하고 조립해야 하는 M2장간조립교를 구축하는 부대의 피로도는 매우 높다. 피로도는 둘째치고 신속하게 기동해야 하는 상황에서 조립교 구축까지 기다리다 간 전투에 투입되기도 전에 전투가 끝날 수도 있다. M2장간조립교의 단점을 보완하기 위해 나온 것이 MGB(Medium Girder Bridge, 간편조립교)이다. MGB가 간편조립교라고 해서 설치가 간편한 것은 아니다. M2장간조립교에 비해 상대적으로 신속한 설치가 가능하다는 것이다.

MGB는 20~75m의 간격 극복이 가능하다. 극복거리는 M2장간조립교와 비슷하지만 시간이 획기적으로 단축된다. 1개 소대가 20.5m의 간격을 극복할 때 소요되는 시간은 1시간이다. 하지만 M2장간조립교에 비해 안정성이 떨어진다. 장간조립교는 난간이 높지만 MGB는 한 뼘 높이 정도의 난간만 있다. 다리의 폭도 차량과 장비 폭에 딱 맞기 때문에 다리를 건너는 차량이나 장비를 조작하는 사람들은 다리를 건널 때 심장이 쫄깃해진다. 결과적으로 M2장간조립교보다 설치 시간을 단축할 수 있지만 다리를 건너야 하는 사람 입장에서는 안정성이 떨어질 수 있다.

M2장간조립교와 MGB는 긴 거리를 극복할 수 있다는 장점이 있지만 시간이 많이 걸린다는 단점이 있다. 신속한 기동이 생명인 기갑부대로서는 다리가 구축되는 시간이 더욱 길게 느껴질 것이다. 기갑부대의 신속한 기동을 보장하기 위한 장비가 K1 AVLB 교량전차다. 이름 그대로 K1전차 차체 위에 교량 가설장치를 탑재한 것으로 기갑부대와 함께 기동이 가능하다.

K1 AVLB 교량전차는 20.5m까지 극복이 가능한 장비로 도로 대화구나 소하천 등 20m 이내의 간격을 신속하게 극복하는 데 사용된다. 이 장비는 적과 대치 중인 상황에서도 기갑부대 지원이 가능

〈K1 AVLB〉

〈K1 AVLB의 교량설치 모습〉

하도록 기동력과 방어력을 갖춘 전차의 차체를 이용한다. 교량을 설치하는 시간은 10분 이내로 다른 교량에 비해 획기적으로 짧다. 극복 가능한 길이가 짧다는 단점을 설치 시간으로 보완한 셈이다.

　다음으로 강과 같이 긴 간격을 극복하는 장비에 대해 알아보자. 우리나라에서 강을 도하를 하는 데 사용하는 장비는 리본 문교와 리본 부교이다. 리본 문교는 뗏목이라 생각하고, 리본 부교는 뗏목 같

〈리본 문교〉

〈리본 부교〉

은 리본 문교를 연결해서 임시 다리를 만든다고 생각하면 이해하기
쉽다.

리본 문교는 군용 차량으로 운반되는 교절을 연결하여 사용한
다. 군용차량 1대당 교절 1개를 운반할 수 있다. 차량으로 운반된 교
절을 진수시키면 교절이 알아서 펼쳐진다. 진수된 교절 1개의 크기
는 길이 6.7m, 폭 8.1m로, 교량가설단정을 이용하여 교절 3~6개를
연결시켜 리본 문교로 운용한다. 리본 문교는 인원이나 차량은 물론
전차나 장갑차, 자주포 같은 무거운 전투장비까지 운반 가능하다.

리본 문교를 이용한 도하는 신속한 도하를 통해 강 건너에 있는

〈교절 진수〉

〈교절 연결〉

적을 제압하고, 이후 리본 부교 구축을 위한 여건 마련을 위해 실시한다. 문교 도하 이후 강 건너의 적이 어느 정도 제압되면 리본 부교를 만들어 부교 도하를 실시한다. '처음부터 리본 부교를 설치하면 되지 않을까?'라고 생각할 수 있다. 하지만 리본 부교 설치에는 시간이 오래 걸리고 그 시간 동안 적의 공격에 취약하기 때문에 반드시 강 건너의 적을 어느 정도 제압하고 리본 부교를 설치해야 한다. 리본 부교는 215m까지 구축 가능하기 때문에 우리나라의 강은 거의

다 리본 부교로 도하할 수 있다. 리본 부교가 설치되면 리본 문교처럼 왕복할 필요가 없어 신속한 도하가 가능하다. 신속한 도하를 위해서는 리본 부교 설치가 필수적이다.

간격 극복을 위한 장비에 대해 알아봤다. 로마 시대에 간격을 만나면 목교를 설치해서 건너거나 우회하는 방법밖에 없었다. 이러한 방법은 시간이 많이 걸린다는 치명적인 단점이 있다. 속도가 중시되는 현대전에서는 신속한 간격 극복을 통해 아군의 기동성을 확보하는 것이 더욱 중요하다. 그렇기 때문에 현대전에서 간격 극복 장비의 중요성은 더욱 크다.

9. 지뢰지대를 한 번에 개척하자

　'스타크래프트'는 1998년에 출시해서 20년 넘게 명맥을 이어오는 전략 시뮬레이션 게임으로 많은 남성들을 게임 속 지휘관으로 만든 게임이다. 스타크래프트의 유행과 함께 PC방 문화가 빠르게 퍼져나갔고 e-스포츠의 탄생을 알렸을 만큼 세계적으로도 유명한 게임이다. 실시간 전쟁 게임 스타크래프트는 다양한 무기가 나오는데, 이러한 무기에는 실제 전쟁에서 적용될 만한 요소들이 많이 녹아 있다. 그중 실제 전쟁에서 쓰이는 무기인 지뢰와 비슷한 역할을 하는 '스파이더마인(Spider Mine)'을 소개한다.

　스파이더마인은 이름처럼 거미 모양의 지뢰로 게임에서도 지뢰와 같은 역할을 한다. 실제 지뢰는 사람이 직접 땅에 묻어야 하는 반면에, 스파이더마인은 스스로 땅을 파고 땅속에 숨어 있다가 적이 다가오면 튀어나와 적을 쫓아가 터지는 무기다.

　스파이더마인은 데미지가 커서 무서운데 더욱 무서운 이유는 따로 있다. 바로 현실과 같이 게임에서 지뢰가 엄청나게 싸기 때문에(벌처 1대당 스파이더마인 3개를 심을 수 있어 거의 공짜) 엄청난 양의 지뢰를 매설할 수 있다는 것이다. 그래서 지뢰에 피해를 입은 적은

〈스파이더마인〉

〈벌처 (스파이더마인 3발 매설 가능)〉

※ 게임에서 벌처 가격은 75원이고 아무리 싼 유닛도 50원이므로 한 발만 터져도 무조건 이익!

〈스파이더마인의 파괴력은 무시무시하다〉

추가적인 지뢰가 어디에 얼마나 매설되었는지 몰라 지뢰를 제거하기 이전에 섣불리 진출할 수 없게 된다. 이처럼 지뢰는 실제 전장에서 도 적에게 피해를 줄 뿐만 아니라 공포심을 심어줘서 적의 진출을 지연·저지하는 역할을 한다.

그렇다면 이렇게 무시무시한 지뢰를 어떻게 해야 하겠는가? 가장 좋은 방법은 피해 가는 것이다. 하지만 바보가 아닌 이상 쉽게 피해갈 수 있는 지형에 지뢰를 심어 놓을 리 만무하다. 남은 방법은 지뢰를 제거해서 기동로를 확보하는 것이다. 그럼 실제 전장에서는 골치아픈 지뢰를 어떻게 제거하는지 알아보자.

지뢰를 제거하는 방법은 크게 두 가지이다. 인력을 동원해서 하나씩 제거하는 방법과 지뢰지대개척장비(폭약 이용)를 이용해서 한 번에 폭파시키는 방법이다(장비를 이용해 지뢰지대를 지나감으로써 지뢰를 폭파시키는 방법도 있지만, 우리 군에는 장비가 도입되어 있지 않아 제외함).

첫 번째 방법인 인력 동원은 용사 개개인이 지뢰탐지기로 지뢰를 하나씩 찾아내어 일일이 제거하는 방법이다. 언뜻 생각하기에도 엄청난 시간이 걸릴 것 같지 않은가? 실제 용사 한 명이 지뢰탐지기로 지뢰를 탐지하는 속도는 엄청나게 느리다. 또한 탐지만 하고 끝나는 것이 아니라 하나씩 손수 제거하거나 폭약으로 일일이 터뜨려야 한다. 신속하게 기동해야 하는 상황에서 한 땀 한 땀 지뢰를 제거한다면 뒤에서 기다리는 보병이나 기갑부대의 속은 얼마나 타들어 가겠는가. 문제는 이뿐만이 아니다. 지뢰를 탐지하거나 제거할 때 자칫 지뢰가 폭발해서 아군이 피해를 입을 수도 있기 때문에 서두를 수도 없다. 속도가 생명인 전장에서 사용하기엔 제한이 따르는 방법이다(지뢰 개척장비가 없거나 전장 상황에 따라 적절한 방법이 될 수 있음).

두 번째 방법은 지뢰지대개척장비를 이용해서 지뢰를 일순간에 폭파시키고 통로를 만드는 방법이다. 우리나라에서 사용하는 지뢰지대개척장비는 미클릭(MICLIC: Mine-Clearing Line Charge)이라는 장비이다. 미클릭의 기본적인 제원부터 알아보자.

〈KM9ACE에 연결된 미클릭〉

〈미클릭 탄약〉

⊕ 미클릭(MICLIC)의 성능 / 제원

- 통로개척능력: 길이 100m, 폭 8m
- 이동방법: KM9ACE 및 군용트럭에 연결
- 폭약종류: 콤포지션(C-4)
- 추진방식: 로켓모터
- 지뢰 개척률: 95% 이상
- 장착소요시간: 5분
- 폭약제원: 길이 110m/중량 880kg
- 폭약단가: 2.4억(한 발당)

〈미클릭 로켓모터 발사〉

〈미클릭 탄약 폭파〉

미클릭은 그림과 같이 전투장갑도저(KM9ACE: 장갑화되어 있는 불도저라고 생각하면 된다) 뒤에 연결시켜서 이동한다(상황에 따라서는 군용 트럭에 연결해서 이동할 수 있음). 이렇게 이동하다 적 지뢰지대를 만나면 지뢰지대의 시점에서 미클릭 탄약을 추진하는 로켓모터를 발사하여 적 지뢰지대 내에 장약을 펼친다. 그 이후 펼쳐진 장약을 폭파하여 땅에 매설된 지뢰들을 강제로 폭파시키는 방식으로 통로를 개척한다. 혹시나 땅속에 묻혀 있는 지뢰들이 터지지 않으면 어떻게 하나 걱정되는가? 실제로 미클릭 탄약이 터지는 모습을 본다면 그러한 걱정이 싹 사라질 것이다. 무기로 사용해도 되지 않을까 싶을 정도로 어마어마한 폭발력으로 그 일대를 날려버리기 때문에 효과는 확실하다.

지뢰지대개척장비를 쓰는 이유는 세 가지이다. 첫째, 지뢰지대 개척을 순식간에 할 수 있다. 지뢰지대개척장비를 사용하면 재래식으로 지뢰를 제거하는 것과는 비교되지 않을 정도로 빠르다. 적 지뢰지대에 폭 8m, 종심 150m의 통로를 개척하기 위해서 재래식 지뢰 제거 방법은 1개 소대(약 30명)가 붙어도 최소 1시간 30분이 걸린다. 하지만 지뢰지대개척장비는 넉넉잡아도 30분이면 개척이 완료된다(첫 번째 탄 발사시간 10분/재장전 시간 5분/두 번째 탄 발사시간 5분/이후 KM9ACE로 잔여지뢰 제거시간 10분). 재래식 지뢰 제거를 기다리다가는 정작 필요한 시기에 병력이 투입될 수 없을 것이다. 특히 신속한 기동이 필요한 기갑부대에 지뢰 개척장비 편성이 꼭 필요한 이유이다.

둘째, 지뢰지대를 개척하는 동안 아군의 생존성 보장이 잘 된다. 재래식 지뢰 제거 방법으로 지뢰를 제거하려면 시간이 많이 걸리기 때문에 적에게 노출되는 시간이 길다. 적이 지뢰를 매설해 놓고 근처에서 매복해 있다면 지뢰를 제거하는 아군은 영락없이 사살될 것이다. 하지만 미클릭을 이용한 지뢰지대 개척은 적에게 노출되는 시간이 짧기 때문에 아군의 생존성을 극도로 향상시킬 수 있다. 한 발을 쏘는 데 준비시간을 합해도 10분 남짓이고 재장전은 안전이 확보된 후방에서 한 이후에 추가적인 탄을 발사하면 되므로 적에게 노출되는 시간이 거의 없다. 또한 이동할 때도 KM9ACE의 장갑을 이용해 적의 개인화기로부터 아군을 보호할 수 있다. 이렇게 지뢰지대를 개척하는 아군의 생존성이 보장되기 때문에 지뢰 제거 작전에 망설임 없이 뛰어들 수 있고, 성공적으로 임무를 완수할 수 있다.

셋째, 지뢰 제거에 대한 신뢰도가 높다. 재래식으로 지뢰를 제거하면 지뢰를 정확히 탐지할 확률이 떨어지기 마련이다. 게다가 전쟁 중 긴박한 상황을 고려하면 정확도는 더욱 떨어질 것이다. 하지만 미클릭을 이용해서 지뢰를 제거하면 이러한 걱정을 할 필요가 없다. 일단 미클릭 장약이 추진되어 펼쳐지고 폭발한다면 95% 이상의 확률로 지뢰가 제거된다. 남은 5% 이하는 KM9ACE로 제거하기 때문에 걱정할 필요 없다. 상황이 제한되어 KM9ACE를 사용하지 못하더라도 재래식 지뢰 제거 방법에 비해 신뢰도가 월등히 높기 때문에 믿고 쓸 수 있다.

적 지뢰를 한 방에 날려버릴 지뢰지대개척장비 '미클릭'에 대해 알아보았다. 신속한 기동이 생명인 현대전에서 미클릭의 중요성은 더욱 커지고 있다. 하지만 이렇게 훌륭한 지뢰 개척장비인 미클릭은 가격이 비싸다는 단점이 있다. 미클릭 한 발에 대략 2억 4천만 원인 것을 고려했을 때 마구잡이로 쓸 수는 없다. 하지만 미클릭을 이용하면 아군의 전투력을 보존할 수 있고, 한 대에 몇 백억 원씩 하는 전차를 안전하게 기동시킬 수 있다. 또한 지뢰 제거시간을 획기적으로 단축시켜 적시적소로 아군을 이동시킬 수 있고, 전투에서 승리할 수 있는 것을 생각했을 때 2억 4천만 원이 비싼 것만은 아닐 것이다.

03

문화 및 역사
culture & history

Military Talk

재미있는 군사이야기

1. 군복은 왜 바뀌는가?

군복의 종류는 여러 가지이다. 예복, 정복, 근무복, 활동복, 전투복까지 군별, 계급, 목적에 따라 정말 많은 복장이 있다. 취사병들이 입는 취사복도 있다. 이런 복장을 어떤 경우에 어떻게 입을 것인지 세세한 규정까지 있다. 이 규정은 명찰을 어디 기준 몇 센티미터에 달고 어떤 휘장은 어떻게 달고 하는 등 아주 세세하다. 일부 부대에서 전역자에게 규정에 맞지 않은 전투복을 선물하여 간부와 병사가

〈전역병사의 전투복과 전투모〉

〈카멜레온〉

〈군인 찾기〉

곤욕을 치르는 경우도 있다(절대 해서는 안 되는 행동이다).

　　군복은 군인에게 무슨 의미일까? 육사에서 생도생활을 시작할 때 가슴이 먹먹해지는 이야기를 들었다. 지금 입고 있는 '전투복'이

〈육군 전투복〉 〈특전사 전투복〉

전투 중 전사하면 차디찬 땅에 묻힐 때 입을 '수의'라는 것이다. 그만
큼 전장에서 절대 물러나지 않고 임무를 완수하라는 의지의 표현이
기도 하지만, 그날 이후 전투복을 입을 때 흠칫하기도 했다(실작전
상황이 발생하여 꼭두새벽에 전투복을 입을 때는 더욱 그렇다). 이성적으
로 접근한다면 군복은 전장에서 나를 숨겨주고 보호하는 옷이다.

    앞의 두 사진을 보자. 첫 번째 사진은 주변의 색으로 위장하는
카멜레온이다. 두 번째 사진은 캐나다군이 채용한 CADPET 위장무
늬 전투복을 입은 군인이다. 카멜레온이 보호색을 이용해 주변 환경
에 녹아든 것처럼, 군인도 위장무늬 전투복을 입고 주변 환경에 녹
아든 것이다. 군인이 어디에 숨어 있는지 찾아보자.

    숨어 있는 군인을 찾았는가? 쉽게 찾기 힘들 것이다. 눈을 부릅
뜨고 찾으려고 해도 이렇게 찾기 힘든데, 어둡고 긴장되는 전장에서
는 위장된 적을 찾는 것은 더욱 어렵다.

현재 우리가 착용하는 군복(전투복)은 한반도 지형에서 위장효과를 극대화하기 위하여 제작되었다. 따라서 사막지역 등 해외로 파병되는 군인들의 전투복은 패턴과 색상이 다르다. 주로 도시지역에서 작전하는 대테러부대원은 흑복(검정색 민무늬 전투복)을 입는다.

　　그러면 옛날 서양권 군인들은 왜 화려한 군복을 입었을까? 개인의 생존성 보장이 최우선인 전장에서 보란 듯이 원색이 섞인 군복을 입고 높은 모자를 썼다. 이는 '절대전쟁과 현실전쟁의 개념'을 이해해야 한다. 프로이센의 군인이자 군사학자인 클라우제비츠가 정립한 개념이다.

　　현실전쟁은 프랑스혁명 이전 서구권에서 일어난 전쟁으로, 국가 전체가 전쟁을 수행하는 것이 아니라 정부와 군대만이 전쟁을 수행하는 것이다. 당시 정부, 즉 통치자 입장에서 국민은 통치 대상일 뿐이었다. 이러한 인식과 당시 열악한 사회기반은 국민을 전쟁에 동원하기 힘들게 만들었다. 또, 오늘날처럼 복잡한 국제관계와 달리 당시 통치자들에게 전쟁은 본인의 세력 확장이 주 목적이었다. 국민의 주권 박탈이나 국민의 요구에 따라 전쟁이 수행되는 것이 아니라 철저히 통치자 위주로 결정되어 전쟁이 수행된 것이다.

　　따라서 통치자는 군대(상비군)를 건설하고 철저히 훈련시켰으며 이들에게 일반 국민보다 더 높은 계급을 부여하였다. 통치자들은 넓은 들판에서 적과 만나 대치하여 충돌하는 방식으로 단순한 전투를 하였다. 물론 투척형 무기, 기병, 방호벽을 활용한 전술이 있었지만 현재와 비교하면 단순충돌에 가까운 전술이었다. 전투에서 승리한 쪽은 영토가 확장되고, 해당 지역 국민들은 그저 통치자가 바뀌었을 뿐이었다. 이러한 전술을 구사하기 때문에 위장의 개념이 중요하지 않았다. 통치자와 군대의 입장에선 화려하고 멋있는 군복을 입어 적의 사기를 저하시키는 것이 중요했다. 국민의 의견이 반영되지 않은

〈나폴레옹의 군복〉

〈영국과 프랑스의 백년전쟁〉

정부(통치자)의 정치적 목적을 수행하는 군대, 즉 현실전쟁의 군대들이 화려한 군복을 입었던 이유이다.

반면에 절대 전쟁은 현대에 전쟁을 하는 방식이다. 현실전쟁과 다르게 쌍방이 지닌 국력의 대부분을 투입하여 전쟁을 수행한다(국가 총력전). 전쟁은 국민의 요구 혹은 동의에 의해 결정되는 경우가 많으며, 작전·전술 또한 복잡해졌다. 따라서 화려한 전투복으로 적의 사기를 저하시키고 통치자(지휘관)의 위엄을 드러내는 것보다는 전투원을 은폐시켜 생존성을 보장하는 것이 더욱 중요해졌다. 이는 전투의 승리는 보장하며, 현실전쟁 시기와는 다르게 각 전투원의 생명을 더욱 중시한 결과이다. 이것이 현대 전쟁에서 주변 환경과 조화롭게 위장하는 무늬를 지닌 전투복을 착용하는 이유이다.

군복은 군인에게 전장에서 나를 지켜주고 숨겨주는 옷이라고 하였다. 이외에도 군복은 권한과 역할을 표시한다. 육군에서는 부대의 리더로서 예하 병력을 통솔하고 지휘하는 인원인 지휘관 및 지휘자에게 어깨에 녹색 견장을 착용하게 하며, 지휘관은 가슴에 철제 휘장을 추가로 패용한다. 해군, 공군, 해병대에는 녹색 견장은 없지만 지휘관용 철제 휘장을 패용한다. 현재는 사라진 제도지만 방탄모 뒤편에 직책을 표시하기도 하였다. 이런 것을 차치하더라도 군복에는 계급이 부착되기 때문에 처음 만나도 각자의 계급상 위치를 가늠할 수 있다.

군인, 경찰관, 소방관 등 국가와 국민을 위해 헌신하는 사람을 '제복입은 시민(Man in uniform)'이라고 한다. 항상 수의를 입는 '제복입은 시민' 본인의 복장을 자랑스러워할 수 있는 사회적인 배려와 존경을 바란다.

2. 42.195km

여러분은 4년마다 열리는 올림픽에서 대표적이고 인상적인 종목 하면 무엇이 떠오르는가? 많은 사람들이 올림픽의 대미를 장식하는 '마라톤'이 대표 종목이라는 데에 공감할 것이다. 마라톤은 42.195km 를 달려서 가장 먼저 들어오는 선수가 우승하는 경기이다. 42.195km 라는 거리가 어느 정도인지 감이 잘 오지 않는가? 서울 광화문에서 수원 동탄역까지의 거리로 상당히 먼 거리이다. 자동차나 지하철을 타고 가는 거리를 몇 시간 동안 쉬지 않고 달리는 것이다. 이 거리를 완주하는 데 걸리는 시간은 정상급 선수들은 2시간~2시간 30분, 아마추어는 3~4시간, 운동을 꾸준히 한 일반인은 4~5시간 정도 걸린다(물론 일반인들은 완주 자체가 불가능하다).

왜 이렇게 긴 거리를 고통을 참으며 달리는 것일까? 이렇게 달리는 것이 무슨 의미가 있길래 올림픽의 대미를 장식하는 것일까? 이렇게 여러 가지 궁금증을 자아내는 마라톤의 기원을 알아보기 위해 고대 그리스 시대로 거슬러 올라가 보자.

고대 그리스는 BC 1100~BC 146년까지의 기간을 말한다. 이때는 청동기에서 철기로 넘어가는 시기였다. 중국은 춘추전국시대(BC

〈고대 그리스의 폴리스〉

772~BC 221)였고, 한반도는 고조선(~BC 108)이 통치하던 시기였다.
고대 그리스는 통일된 국가가 아니라 폴리스를 중심으로 하여 여러
개의 도시국가를 이루었고, 폴리스들은 서로 교류하며 발전했다. 고
대 그리스 시대는 '그리스 로마 신화'로 우리에게 더욱 친숙하다. 그
리스 로마 신화에서 한번쯤 들어봤을 법한 도시국가들이 많다. 그중
에서 특히 유명한 도시국가는 아테네, 스파르타, 코린토스, 테베 등
이고 근처에는 영화로 더 유명해진 도시 트로이도 있었다.

이 가운데 그리스 로마 신화에서 지혜의 여신과 이름이 같은 아
테네, 스파르타식 교육으로 유명한 스파르타가 우리에게 친숙하다.
이 두 폴리스는 상반되는 국가 통치체제를 유지했는데, 아테네는 민

주정을 바탕으로 발전한 반면 스파르타는 강력한 군사조직 형태의 지배로 발전했다. 정치 체제가 다르니 갈등이 있었을 것이라는 건 쉽게 예상할 수 있다.

언젠간 서열 정리를 해야 했던 아테네와 스파르타가 고대 그리스의 패권을 두고 한판 붙은 이야기는 다음으로 미루고, 여기에서는 마라톤의 기원을 알아보기 위해 고대 그리스가 당시 대제국이던 페르시아의 침공을 막아낸 이야기를 하려고 한다.

기원전 5세기 무렵의 페르시아는 세계 최강의 국력을 갖고 있었다. 이 시기의 세계 인구는 1억 명으로 추정되는데, 페르시아 제국의 인구는 거의 2,000만 명에 달하였다고 하니 군사력이 얼마나 대단했을지 짐작된다. 그리고 여러 지역을 정복해서 차지한 넓은 영토를 바탕으로 거두어들인 자원과 세금을 통해 엄청난 부를 축적하였다. 페르시아는 많은 인구를 바탕으로 병력을 조달하고 막강한 부로 군수자금을 조달하면서 점점 더 넓은 영토를 차지해 대제국이 되었다. 국가가 발전할 수 있는 선순환 구조를 갖게 된 것이다.

또한 페르시아는 군사력, 경제력뿐만 아니라 문화면에서도 상당히 뛰어난 나라였다. 흔히들 고대 그리스 문화는 우리에게 많은 영향을 미쳤을 만큼 상당히 뛰어났다고 여기는 반면에 페르시아는 그리스에 비해 문화가 뒤떨어졌다고 생각한다. 하지만 당시 페르시아는 세계 4대 문명인 메소포타미아 문명과 이집트 문명을 받아들여서 문화면에서도 상당히 뛰어난 나라였다. 페르시아는 그리스보다 뛰어난 문화를 가지고 있어 그리스가 오히려 페르시아의 선진화된 문화·문물을 받아들이는 입장이었다. 즉 당시 페르시아는 경제, 군사, 문화 등 모든 방면에서 그리스와는 비교되지 않을 만큼 강대국이었다. 이렇게 강력한 국력을 통해 바빌론을 중심으로 왼쪽으로는 이집트, 오른쪽으로는 인도까지 영향력을 펼쳐 나아갔다.

〈전성기인 BC 500년경 페르시아 제국〉

　　이렇게 강력한 페르시아는 상대적으로 약소국이던 고대 그리스
와 별문제 없이 지냈다. 페르시아 입장에서는 변방이나 마찬가지인
그리스를 신경 쓸 이유가 없었을 것이다. 평화에 금이 가게 된 발단
은 기원전 499년에 일어난다. 기원전 540년경에 페르시아는 에게해
의 해상권을 장악하기 위해 이오니아 지방을 점령·지배하고 있었
다. 그런데 기원전 499년에 페르시아의 지배를 받고 있던 이오니아
시민들이 반란을 일으켰다. 이오니아 시민들은 반란을 일으키는 과
정에서 그리스 도시국가들에게 지원을 요청했지만 그리스 도시국가
들은 페르시아 제국의 힘을 알기에 섣불리 지원군을 보내지 못했다.
그런데 용감하게도 아테네와 에레트리아가 의리를 지키기 위해 함선
25척을 보내 이오니아 반란군을 지원했다.

〈아테나와 페르시아의 전쟁 개략도〉

    사실 지원군을 보낸 이유는 의리를 지키기 위해서라기보다는 국가의 이익을 위한 것이었다. 이오니아를 점령한 페르시아는 에게 해의 해상권을 두고 아테네와 다투고 있었다. 이러한 상황에서 아테 네는 페르시아에게 에게해의 해상 지배권을 빼앗기지 않기 위해 이 오니아 지방의 반란을 도와 페르시아의 에게해 지배권이 약해지기를 원했다. 하지만 아테네의 판단은 잘못된 판단이었다. 막강했던 페르 시아의 왕 다리우스 1세는 반란을 진압하기 위해 대규모 군대를 파 견하였다. 이오니아 지방 반란군은 페르시아 대군을 몇 차례 막아냈 지만 물량 앞에는 장사 없었다. 결국 이오니아 지방의 반란은 페르 시아의 대규모 군대 앞에 기원전 494년경에 완전히 진압당했다.

    일단 급한 불을 끈 페르시아 입장에서 남의 사업 확장을 방해하 는 아테네가 괘씸하기 짝이 없었을 것이다. 안 그래도 영토 확장에

열을 올리던 페르시아는 이를 빌미로 아테네를 응징하기로 한다. 아테네가 잠자는 사자의 콧털을 건드린 셈이었다. 페르시아라는 사자는 자신의 콧털을 건드린 아테네를 잡아먹기 위해 그리스 원정을 감행하는데, 페르시아의 그리스 원정은 무려 세 차례나 진행된다.

첫 번째 원정은 기원전 492년에 했다. 페르시아는 대제국의 위용을 뽐내며 대군을 이끌고 그리스 북부 트라키아와 마케도니아를 가볍게 집어삼키며 아테네로 향했다. 페르시아의 최종 목표는 그리스였기 때문에 거침없이 진격했다. 그리스 전역은 페르시아의 침략으로 공포에 휩싸였는데, 그리스를 지키기 위한 하늘의 뜻이었는지 다리우스 1세가 이끄는 페르시아 군함 300여 척은 폭풍을 만나 1차 원정은 실패했다. 페르시아 입장에서는 싸워보기도 전에 그리스 원정에 실패해서 기운이 빠졌을 법도 했다. 하지만 한 번의 실패로 포기할 페르시아가 아니었다.

첫 번째 그리스 원정의 실패를 교훈 삼아 만반의 준비를 마친 페르시아는 2년 뒤인 기원전 490년 2차 그리스 원정을 시작하였다. 1차 원정 때는 운이 좋아서 페르시아 군을 막아내긴 했지만(정확히 말하면 하늘이 아테네를 도와주어 페르시아 군이 돌아간 것임) 2차 원정은 아테네도 쉽지 않을 것이라 생각했다. 이에 아테네는 이웃 폴리스인 '스파르타'에게 지원군을 요청했다. 하지만 스파르타는 종교적인 이유와 축제 기간이라는 핑계로 지원군을 보내는 데 적극적이지 않았다. 결국 아테네는 그리스의 강자인 스파르타의 도움을 받지 못한 채 사실상 홀로 페르시아의 대군과 맞서게 되었다. 페르시아의 그리스 2차 원정은 해상과 육지에서 이루어졌는데, 육지 전투가 이루어진 곳이 바로 마라톤 평원이다. 짐작했겠지만 이 전투에서 올림픽의 꽃 '마라톤'이 비롯되었다.

마라톤 전투에서 아테네와 페르시아는 마라톤 평야에서 싸웠는

<아테나와 페르시아의 전쟁 개략도>

데, 수적으로도 아테네는 페르시아에 열세였다. 당시 아테네는 본국
의 병력 1만 명과 다른 국가에서 지원온 1천 명을 합쳐 병력의 규모
가 1만 1,000명 정도였다. 반면에 페르시아는 30~50만 명 규모였다.
아무리 적게 잡아도 30배에 달하는 어마어마한 병력 차이였다. 병력
이 절대적으로 열세인 아테네는 페르시아군을 맞아 일반적인 방법으
로는 이길 수 없다는 것을 알았다. 이에 아테네군은 보병을 길게 배
치하고 좌우 양 날개에 최정예 부대를 배치했다. 이 전략은 오늘날
에는 익숙한 전략이지만 당시까지만 해도 거의 쓰이지 않던 부대 배
치였다. 전투가 시작되자 아테네군은 수적 우세를 앞세운 페르시아
군의 기세에 중앙이 밀렸으나, 이는 아테네의 전략이었다. 중앙에서
는 전투력이 밀리는 척 하면서 슬금슬금 후퇴한 뒤에, 좌우에 배치
되어 있던 최정예 부대가 페르시아군을 협공하려는 전략이었다. 아

테네의 전략은 대성공이었다. 전체적인 전투력이 페르시아에 비해 현저히 열세였는데도 불구하고 마라톤 평원에서 승리하여 페르시아의 침공을 막아냈다. 아테네군의 전사자는 200명이 안 되는 반면에 페르시아군은 6,400명 가량 전사했다고 하니 아테네의 분명한 승리였다. 문제는 이게 끝이 아니라는 것이었다.

지상에서는 승리했지만 해상으로 진격 중인 페르시아군이 남아 있었다. 페르시아 해군은 곧장 아테네를 공격하려고 에게해를 건너고 있었는데, 전투 준비가 되어 있지 않은 아테네 본토가 페르시아 해군과 대면하면 전의를 상실하고 항복할 것이 뻔했다. 이러한 불상사를 막기 위해 마라톤 평원에서의 승리를 한시라도 빨리 아테네에 전해야 했다. 이를 위해 선발된 한 병사가 42.195km를 쉬지 않고 달려 아테네에 도착해 승전보를 전하고 숨이 끊어졌다. 아테네는 승전보를 듣고 사기가 올라 전투 준비에 돌입했다. 페르시아 해군이 아테네에 도착했을 땐 이미 아테네의 전투 준비가 끝났고, 결국 공격을 포기하고 본국으로 돌아갈 수밖에 없었다. 마라톤은 그 병사의 숭고한 희생을 기념하기 위해 올림픽 종목이 된 것이다.

그 병사는 마라톤 전투의 승전보를 전하기 위해 42.195km를 쉬지 않고 달리면서 무슨 생각을 했을까? 조국 아테네를 지켜야겠다는 생각만 했을 것이다. 이렇게 조국을 위해 죽을 만큼 힘든 고통을 참고 끝끝내 임무를 완수한 희생정신을 생각하면 마라톤이 올림픽의 대미를 장식할 만한 자격이 충분하다.

3. 300

"스파르타식 교육으로 성적 향상을 보장합니다!"

"이번 달까지 목표로 했던 업무성과를 달성하기 위해 직원들을
스파르타식으로 밀어붙여!"

　여러분은 위와 같은 말을 들어본 적이 있을 것이다. 위 문장의
공통점은 '스파르타'라는 단어를 사용했다는 것이다. 학창 시절에 '스
파르타식 교육'이라는 말을 많이 들어봤을 것이다. 도대체 스파르타
가 무슨 뜻이길래 오늘날 일상에서 자연스럽게 쓰이는 것일까? 스파
르타는 고대 그리스의 펠로폰네소스 반도에 있던 도시국가로 폐쇄적
사회체제, 엄격한 군사교육, 강력한 군대 등으로 유명했다.

　아테네가 민주주의의 상징이었다면 스파르타는 국가의 강력한
지배가 특징이었다. 스파르타의 국민은 귀족, 평민, 노예로 구성된
세 계급으로 나누어져 있었다. 스파르타 국민의 모든 교육은 국가의
철저한 통제 아래 이루어졌으며, 심지어 출생에서부터 사망에 이르
기까지 국가의 통제를 받아야 했다. 개인은 스파르타라는 국가를 위
해 존재했다. 스파르타는 강력한 군사력을 유지하기 위해 잔인하고

〈영화 300〉

냉철한 방법을 사용했다. 신생아가 허약하면 죽도록 방치하고 강한
아이들만을 전사로 길러내는 것이었다. 우월한 유전자를 유지하기
위해서는 합리적인 방법일 것 같지만, 한편으로는 잔인한 방법을 통
해 강력한 군사력을 유지한 것이다. 건강하게 태어난 남자아이들은
7세까지만 부모가 양육할 수 있었고, 7세부터는 가정을 떠나 국가가
운영하는 공공교육장에 들어가서 엄격한 훈련을 받고 강력한 전사로
거듭났다. 스파르타에서 교육은 오직 강한 체력과 정신력을 견뎌내
는 군인을 양성하는 목적으로 실시되었으며, 교육방법은 혹독한 훈
련과 경쟁 그리고 처벌을 위주로 하였다. 교육과정이 혹독하긴 했지
만 이러한 과정을 이겨내고 전사로 태어난 군인들은 전장에서 막강
한 전투력을 발휘할 수 있었다. 이를 통해 그리스뿐만 아니라 세계
적으로 스파르타의 막강함을 알릴 수 있었다. 여기에서 그 유명한
'스파르타식 교육'이 유래되었다.

　　스파르타가 우리에게 친숙한 이유는 영화 '300'을 통해서 스파
르타군의 가공할 전투력을 봤기 때문일 것이다. 이 영화는 앞에서
소개했던 페르시아의 그리스 원정을 주요 배경으로 하고 있다.

　　페르시아 대군을 이끌고도 그리스 원정을 두 번이나 실패한 페

〈페르시아의 그리스 원정〉

르시아는 약이 올랐다. 병력 숫자나 전쟁을 위한 경제력 등 모든 면
에서 그리스보다 압도적인 데도 번번이 원정을 실패했으니 그럴만도
했다. 페르시아는 만반의 준비를 마치고 기원전 481년에 3차 원정을
실시한다.

   페르시아의 그리스 3차 원정이 알려지자 그리스의 폴리스들도
페르시아의 침략을 막아내기 위해 연합하여 전투 준비를 했다. 고대
그리스에서 육군은 스파르타, 해군은 아테네가 강세였다. 이를 바탕
으로 육군은 스파르타, 해군은 아테네를 중심으로 페르시아의 그리
스 침공을 막기 위한 방어 태세에 돌입한다. 육지에서 방어를 맡게
된 스파르타는 지형적 이점을 이용하여 페르시아 공격에 대항하려
했는데, 이 지역이 영화 '300'에서 스파르타군이 페르시아의 대군을
맞아 싸우다가 전멸한 '테르모필레'이다.

테르모필레는 좁은 골짜기로 그리스로 가기 위해서는 반드시 통과해야 하는 관문 같은 곳이다. 그리스 연합의 전략은 이곳에서 개별 전투력이 높은 스파르타군이 주축을 이루어 페르시아군의 진격을 지연시키고, 동시에 해상전투에서 페르시아군을 무찔러서 페르시아의 육군과 해군을 각개 격파하는 것이었다. 레오니다스 왕이 이끄는 스파르타는 정예군 300명만을 보냈음에도 더 많은 병력을 보낸 다른 국가 왕들을 제치고 그리스 연합군의 지휘를 맡게 되었다. 스파르타의 전투력을 다른 폴리스들도 인정한 것이다.

육로로 진격하던 페르시아의 대군은 테르모필레에 도착해서 그리스 연합군과 마주하게 되었다. 그리스 연합군의 병력 규모를 처음 본 페르시아 입장에서는 이들이 우스웠을 것이다. 그도 그럴 것이 그리스 연합군은 7,000명 남짓밖에 안 되는 반면에 페르시아군은 30만 명 정도였다고 하니 말이다. 병력 숫자만 봐도 어마어마한 차이가 났던 것이다. 페르시아군은 테르모필레에 있던 그리스 육군이 페르시아의 대군을 보고 도망갈 것이라 생각해 며칠 동안은 공격하지 않았다. 그러나 아무리 기다려도 도망가기는커녕 페르시아 대군을 상대로 기죽는 모습도 보이지 않자 테르모필레에 도착 5일째부터 공격을 시작하였다. 하지만 생각과 다르게 스파르타를 주축으로 한 그리스 연합군이 너무도 강했다.

가볍게 밟고 지나갈 줄 알았는데 강력한 전투력에 발목을 붙잡히고 만 셈이다. 페르시아군이 아무리 많다고 해도 테르모필레의 좁은 지형에서는 한꺼번에 공격을 가할 수 없었다. 전쟁터에 나온 스파르타 남자들이 어떤 사람들인가. 어렸을 때부터 혹독한 군사훈련을 통해 살인병기로 길러진 최정예 전사였기에 이들이 지키는 테르모필레 협곡은 그야말로 난공불락인 성과 같았다. 스파르타군의 일당백 기세와 테르모필레의 좁은 지형이 만나 페르시아 대군의 몇 차례 공격에도 무너지지 않던 그리스 연합군은 내부 배신자 때문에 어이없게 무너지게 된다.

그리스의 배신자가 페르시아군에게 그리스 연합군을 뒤에서 공격할 수 있는 다른 길을 밀고한 것이다. 아무리 강력한 스파르타군이라 할지라도 물량 앞에는 장사 없었고, 한 번에 일 대 소수가 아닌 일 대 다수 싸움에는 한계가 있었다. 앞뒤로 공격을 받게 된 스파르타의 최정예군 300명을 포함한 그리스 연합군 1,000명은 페르시아 대군을 상대로 끝까지 싸웠으나 장렬하게 전멸하고 만다. 스파르타군은 후퇴하느니 전장에서 명예로운 죽음을 선택한 것이다. 이렇게 명예를 지키며 죽는 것을 선택한 스파르타군을 보면 '스파르타'가 왜 엄격함의 대명사로 쓰이는지 알 수 있다.

스파르타의 최정예군을 포함한 그리스 연합 육군이 테르모필레에서 전멸당하기는 했지만 이러한 죽음이 아무 의미가 없는 것은 아니었다. 테르모필레 전투에서 페르시아군의 진격을 지연시켜 아테네를 중심으로 한 그리스 연합군의 해군이 전쟁을 준비할 시간을 벌 수 있게 되었다. 해상에서도 페르시아군의 기세는 엄청났다. 순식간에 아르테미시온의 방어선을 돌파한 페르시아군은 파죽지세로 그리스를 향해 밀고 나아갔으나 살라미스에서 그리스군과 교착 상태에 빠지게 된다.

육군에서도 그랬지만 해군에서도 페르시아군의 전력이 그리스 연합군에 비해 월등히 우세했다. 페르시아군의 배는 약 800척이고 그리스 연합군은 420척이었다. 전투력으로는 상대가 안 되는 수준이었다. 이렇게 불가능해 보이던 전투에서 아테네를 중심으로 뭉친 그리스 연합 해군이 기적 같은 승리를 거두었다. 이 해전이 그 유명한 세계 4대 해전 중 하나인 '살라미스 해전'이다. 세계 4대 해전은 역사적 전환점이 되고, 해전에서 전술적 변화를 가져온 해전을 말한다.

전투	시기	전투 국가		결과 및 의의
		승전국	패전국	
살라미스 해전	기원전 480년	그리스 (약 420척)	페르시아 (약 800척)	그리스는 페르시아 대군을 상대로 승리함으로써 황금기를 맞이함
칼레 해전	1588년	영국 (197척)	스페인 (130척)	영국은 '무적함대'라는 스페인을 대파하면서 해양강국으로 부상하게 되었고, '해가 지지 않는 나라'가 될 수 있었음
한산도 해전	1592년	조선 (55척)	일본 (73척)	조선은 대승을 거둬 바다의 주도권을 갖게 되었고, 일본군의 군수물자 조달에 차질을 빚게 해 임진왜란 전세가 크게 변하게 됨
트라팔가 해전	1805년	영국 (27척)	프랑스-스페인 연합 (33척)	나폴레옹 전쟁 시대에 가장 유명한 해전으로, 이 전쟁에서 패배한 나폴레옹은 몰락의 길을 걷게 됨

살라미스 해전은 세계 4대 해전 중 하나로 불릴 만큼 세계사적으로 큰 영향을 미친 전투로, 영화 '300'의 후속작인 '300: 제국의 부활'의 배경이 될 정도로 아테네의 승리는 기적과 같은 것이었다.

그도 그럴 것이 예전에는 수적으로 우세하면 전쟁에서 압승하는 경우가 대다수였다. 그러나 그리스 연합군은 페르시아 대군을 상대로 수적 열세임에도 이를 전술로 극복했기에 더 의미있다. 살라미스 해전에서 그리스 연합 해군의 총 지휘를 맡았던 것은 아테네의 명장 테미스토클레스였다.

테미스토클레스는 그리스 연합군이 페르시아보다 수적으로 열세임을 알고 일반적인 전투로는 이길 수 없다고 생각했다. 그래서 수적 열세를 극복하기 위해 한 가지 기지를 발휘한다. 노약자와 부녀자들은 안전한 곳으로 피난시키고 페르시아 쪽에 거짓 정보를 흘

〈영화 '300: 제국의 부활'〉

려 페르시아의 해군을 넓은 바다에서 폭이 좁은 살라미스만으로 유
인했다. 이렇게 폭이 좁은 곳에서는 한 번에 싸울 수 있는 배의 수가
한정되기 때문에 전력이 열세인 쪽이 대군을 상대로 싸워볼만 한 것
을 노렸다. 그리스의 전략은 먹혀들었다. 수적으로 압도적이던 페르
시아 해군은 별다른 의심 없이 그리스의 유인에 넘어가 살라미스만
으로 들어갔다. 살라미스만의 해협에 배들이 꽉 찼을 때 테미스토클
레스가 이끄는 그리스 연합의 해군은 페르시아 해군을 공격했다.

　　이렇게 시작된 해상 전투는 자그마치 11시간 동안이나 지속되
었다. 그리스는 국가의 존망을 걸고, 페르시아는 대제국의 자존심을
걸고 한 치의 물러남 없이 치열하게 싸웠다. 길고도 치열했던 살라
미스 해전의 결과는 그리스 연합군의 대승이었다. 페르시아 해군은
함선 200여 척이 격침되었고 200여 척이 그리스 연합군에 포획된
반면, 그리스 연합군은 겨우 40여 척을 잃었을 뿐이었다. 이 전쟁으
로 그리스는 페르시아의 침공으로부터 완전히 자유로워졌으며, 막강

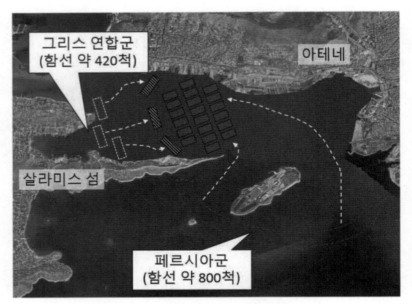

그리스 연합군
(함선 약 420척)

아테네

살라미스 섬

페르시아군
(함선 약 800척)

〈살라미스 해전 요도〉

한 해군을 가진 아테네는 그토록 원했던 지중해의 지배권을 갖게 되었다.

이렇게 그리스의 폴리스들은 페르시아의 침공으로부터 그리스를 지키기 위해 힘을 합쳐 싸웠다. 하지만 그리스 공공의 적이던 페르시아의 위협이 없어진 이상 동맹이 언제까지나 계속될 수는 없었다.

첫 번째 이유는 민주정을 대표하는 아테네와 과두정의 군국주의 체제를 대표하는 스파르타가 언제까지나 한 배를 타고 갈 수는 없었기 때문이다. 국가 정치체제가 달랐기 때문에 언젠가는 한 판 붙어야 할 운명이었다.

두 번째 이유는 살라미스 해전 이후 치고 올라오는 아테네 때문이었다. 페르시아의 그리스 공격 전까지만 해도 스파르타 입장에서

〈펠레폰네소스 전쟁〉

※ 펠로폰네소스 전쟁 때 주변 국가들은 스파르타와 아테네 편으로 나뉘었다.

아테네는 그리 큰 문제거리가 아니었다. 전투력으로 봤을 때 스파르타가 아테네에 비해 우세했기 때문에 강자가 약자에게 열등감을 느끼지 않듯이 크게 신경쓰지 않았다. 그런데 페르시아의 그리스 원정을 막아내고부터 이야기가 달라졌다. 살라미스 해전에서 대승을 거둔 아테네는 해군 강국으로 떠올랐으며, 이를 바탕으로 지중해의 지배권을 갖고 빠르게 번영했다. 사촌이 땅을 사도 배가 아픈데 자신보다 약하다고 생각했던 나라가 번영하는 것을 보면서 얼마나 시기하고 두려웠겠는가. 결국 기원전 431년에 그리스의 패권을 두고 아테네와 스파르타가 피할 수 없는 결투를 벌이는데 이를 '펠로폰네소스 전쟁'이라고 한다.

펠로폰네소스 전쟁은 28년 동안(BC 431~BC 404) 그리스에서 발생한 내전으로, 아테네를 중심으로 뭉친 델로스 동맹과 스파르타를 중심으로 뭉친 펠로폰네소스 동맹이 벌인 전쟁이다.

이 전쟁은 세 개의 기간으로 나눌 수 있다. 실제로 치열한 전쟁을 벌인 것은 첫 번째와 세 번째 기간이고, 그 사이 기간에는 휴전기였다.

첫 번째 기간(BC 431~BC 421)에 벌인 전쟁에서 델로스 동맹 진영은 펠로폰네소스 동맹 진영과 전면전을 피하면서 막강한 해군을 이용해 펠로폰네소스 해군을 습격하여 스파르타에 큰 피해를 입혔다. 이러한 전략으로 아테네가 전쟁에서 승기를 잡는 듯 했으나 개전 후 얼마 지나지 않아 아테네에 퍼진 전염병으로 인해 스파르타와 휴전하게 되었다(BC 421~BC 413). 하지만 델로스 동맹과 펠로폰네소스 동맹의 평화는 지속될 수 없었다. 그리스의 최강자 자리를 두고 아테네와 스파르타는 언젠간 결판을 내야 했기 때문이다.

결국 세 번째 기간(BC 413~BC 404)에 그리스의 패권을 놓고 최후의 전쟁을 벌이게 되었다. 세 번째 기간에 전쟁의 발단은 아테네가 시칠리아 원정을 시도했을 때 스파르타가 이를 방해했기 때문이다. 그도 그럴 것이 스파르타는 아테네가 잘 되는 꼴을 보고 싶지 않았을 것이다. 하지만 결과적으로 시칠리아 원정은 아테네의 큰 실책이었다. 시칠리아 원정에서 참패한 아테네는 그 후 스파르타의 지속적인 공격으로 국력이 약해졌다. 마침내 BC 405년에는 아테네가 자랑했던 해군이 아이고스포타미해전에서 스파르타 해군에 참패하고 아테네군은 재기 불능에 이르렀다. 엎친데 덮친격으로 다른 델로스 동맹 도시들도 아테네로부터 떨어져 나가고 심지어 식량난까지 겪게 되면서 BC 404년 아테네는 스파르타에 무릎을 꿇을 수밖에 없었다.

그리스 패권을 두고 벌인 길고 긴 전쟁이 끝나고 스파르타는 그토록 원했던 그리스의 최강자 자리에 오르게 되었다. 하지만 이는 상처뿐인 영광이었다. 가뜩이나 군사력에 치중한 탓에 경제력이 약했던 스파르타는 오랜 전쟁으로 소모된 전쟁 비용 때문에 휘청거리기 시작했다. 이렇게 국력이 약해진 스파르타도 자신보다 한 수 아래라 생각했던 테베와 코린트가 일으킨 코린토스 전쟁에서 패배하면서 몰락의 길을 걷는다.

　엄격함의 대명사인 스파르타를 중심으로 고대 그리스의 역사를 살펴봤다. 고대 그리스 폴리스들은 외부의 적인 페르시아의 침공에 맞서기 위해 단단하게 결집했다가도, 외부의 적이 사라지자 언제 그랬냐는 듯 그리스 패권을 두고 서로 전쟁을 했다. 이를 봤을 때 세상에 영원한 동맹도 없고 영원한 적도 없다는 것을 다시 한번 깨닫게 된다.

　또한 영원한 강자일 것 같았던 스파르타가 몰락하는 것을 보면서 세상에는 영원한 강자도 없고 영원한 약자도 없다는 이치를 깨닫게 된다.

　그리스의 강자였던 아테네와 스파르타가 패권을 두고 싸운 것을 '루키디데스의 함정'에 빠졌다고 표현한다. 루키디데스의 함정은 새로운 강대국이 부상하면 기존 강대국이 이를 두려워하게 되고 이 과정에서 전쟁이 발발한다는 뜻의 용어로, 아테네의 부상을 두려워한 스파르타가 전쟁을 일으키게 된 것을 두고 한 말이다.

　루키디데스의 함정은 오늘날에도 존재한다. 바로 G2인 미국과 중국의 대결이다. 세계의 패왕이던 미국이 신흥 강자인 중국과 대결하게 된 것이다(전쟁이 아닌 경제적으로). 이처럼 역사는 반복된다. 우리가 역사를 공부하는 이유는 과거에 일어났던 일을 되돌아보며 세상 이치를 깨닫고 미래에 일어날 일을 대비하기 위해서가 아닐까.

4. 마지노선

"이번 달 우리가 쓸 수 있는 돈의 마지노선은 5만 원이야."

"올해 우리나라 직장인 및 취업 준비생이 생각하는 취업 마지노 선은 남성 기준 33세, 여성 기준 31세다."

"우리가 탈출해야 하는 시간의 마지노선은 9시까지야."

위 문장들의 공통점은 '마지노선'이라는 용어이다. 여러분은 살면서 '마지노선'이라는 말을 한번쯤 들어봤을 것이고 개략적이나마 그 뜻을 알고 있을 것이다. 마지노선의 사전적 의미는 '최후의 방어선이라는 의미로, 더는 물러설 곳이 없다는 뜻'이다. 즉, 한계 수준이라는 말로 자주 쓰인다. '마지노선'이 사실은 군사적인 용어임을 알고 있는가? 우리도 모르는 사이에 일상 생활에서 군사적인 용어를 사용하고 있었던 것이다.

마지노선(Maginot Line)의 본래 의미를 알아보기 위해 제1차 세계대전으로 거슬러 올라가자. 제1차 세계대전은 1914년부터 1918년까지 벌어진 전쟁으로 이 기간 동안 유럽은 거의 초토화되었다. 특히 제1차 세계대전의 주요 무대였던 서부전선에서는 수많은 희생자가 나왔다. 프랑스가 독일의 진격을 멈추고 그 자리에 참호를 파기 시작했고, 이러한 참호를 기점으로 양측은 참호전을 벌이게 된 것이다. 겨우 몇 백 미터 전진하기 위해 아군 참호를 뛰쳐나와 적 참호로 돌진한 수많은 병사들이 적의 소총과 기관총 공격으로 인해 전장의 이슬로 사라져 갔다. 참호 안에서 방어하는 쪽이 압도적으로 유리했기 때문에, 수많은 병사들이 죽고 다쳤지만 몇 년이 지나도 전쟁은 제자리에서 반복될 뿐이었다.

이렇게 제1차 세계대전을 치르면서 프랑스 지도층에서는 상대가 아무리 강하게 공격해도 참호 안에서 막아내면 결국 승리한다는 '방어 제일주의'가 대세였다. 프랑스 국민들 또한 제1차 세계대전 당시에 수많은 가족과 친구를 잃었던 경험이 있었기 때문에 프랑스 정부의 의견에 힘을 실어주었다. 여담으로 제1차 세계대전이 일어난 1914년 기준으로 20~30세의 프랑스 남성 중 무려 70%가 죽거나 다쳤다고 하니 그 피해와 주변 사람들의 충격은 어마어마 했을 것이다.

이에 따라 프랑스는 거대한 장벽으로 국경을 완전히 차단하는 국방 정책을 펼친다. 적의 공격으로부터 아군을 보호할 단단한 방어막을 만드는 것이다. 국경 지역 중간중간에 강력한 요새를 만들고 이를 지하로 연결하여, 외부로 나가지 않고도 쳐들어 오는 적을 막아낼 수 있게 한 것이다.

오늘날 기준으로는 이러한 방어막을 만드는 것이 무슨 의미가 있나 싶다. 현대전에는 전투기와 전차가 있어 우회공격이 가능하기 때문이다. 또한 전차나 자주포를 이용해 웬만한 요새는 가볍게 부수고 지나갈 수 있어 이러한 방어막이 큰 의미가 없을 것 같다. 하지만 제1차 세계대전에는 전차나 전투기의 수준이 매우 낮아서 이러한 요새를 뚫기에 충분하지 않았다. 또한 기동 속도도 빠르지 않았

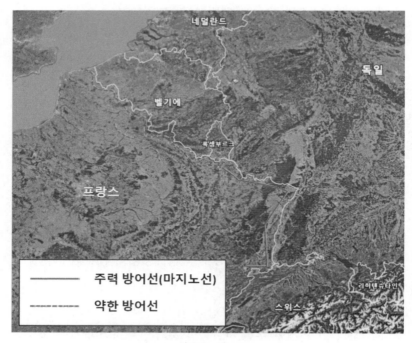

〈마지노선〉

기 때문에 요새를 구축하고 버티고 있으면 공격하는 적에 충분히 대응할 수 있으리라 생각했던 것이다. 당시 프랑스 국방장관 앙드레 마지노(André Maginot) 주도로 1927년부터 프랑스 국경을 차단하기 위한 방어막을 건설했다. 이렇게 우리가 알고 있는 '마지노선'이 탄생했다.

마지노선은 엄청나게 길다. 무려 350km이다. 최초에는 750km를 계획했는데 예산 문제로 350km만 건설했다. 750km를 계획했는데 350km만 만들었으니 짧은 게 아니냐고? 서울에서 차를 타고 부산까지 가보면 350km가 긴 거리임을 알 수 있다.

이렇게 긴 거리 중간중간에 외부와 단절되더라도 자급자족하며

〈마지노선에 설치되었던 방어시설〉

전투 가능한 요새가 142개, 은엄폐하여 공격이 가능한 포대 352개, 벙커 5,000여 개가 촘촘히 설치되었다. 요새는 어지간한 포격이나 폭격도 충분히 견뎌낼 수 있었고 대구경 포나 기관총 등 다양한 무기를 중간중간 배치했다.

독일의 전차 기동이 예상되는 곳에는 대전차 장애물 같은 각종 방어시설을 설치하여 멀리서부터 적을 순차적으로 막을 수 있었다. 마지노선은 전투공간만 있는 것이 아니라 대규모 병력이 상주하며 생활할 수 있는 시설을 완비했다. 전력, 급수, 배수, 통신, 요새 간 이동이 가능하게 당대 최고의 기술을 집약했다. 전투시설이 아니라 숙박시설이라고 불러도 될 정도이다.

이렇게 강력하게 구축된 마지노선이 현대에 와서 최후의 보루라는 의미로 자주 쓰인다. 마지노선만큼은 절대 밀리지 않을 것이라는 믿음에서 그렇게 쓰이는 것이다. 하지만 실제 전쟁에서 마지노선이 한 역할을 보면 최후의 보루라는 의미가 무색하다.

제2차 세계대전에서 프랑스는 마지노선을 믿고 주력군을 벨기에 앞쪽에 집중 배치했다. 독일이 공격하면 벨기에로 진격해서 적을 막을 생각이었다. 하지만 독일은 프랑스를 비웃기라도 하듯 1940년 5월 10일 프랑스가 예상치 못한 곳으로 기동을 한다. 마지노선의 북

네덜란드

독일

벨기에

룩셈부르크

프랑스

독일군 주공
침공방향

———————— 주력 방어선(마지노선)

- - - - - - - - 약한 방어선

리히텐슈타인

스위스

〈마지노선을 우회한 독일군 기갑부대의 공격 방향〉

쪽 끝인 아르덴 고원 지대로 독일군의 대규모 기갑부대를 통과시켜 연합군 주력을 일거에 포위하는 기동이었다.

'전차는 당연히 빠르게 기동하는 거 아니야?'라는 생각할 수 있다. 하지만 그 당시 제1차 세계대전을 통해 참호전에 익숙해졌던 연합군에게 독일군 전차의 기동은 예상 밖이었다. 독일군의 엄청난 기동으로 말미암아 100만의 연합군 주력이 제대로 된 힘 한 번 써보지 못하고 무너질 때, 마지노선에 주둔하던 80만의 프랑스군은 아군의 피해를 넋놓고 바라볼 수밖에 없었다. 그도 그럴 것이 전투가 일어나면 당연히 마지노선 사정권에서 일어날 것이라 생각해서 마지노선을 사수할 생각만 했는데, 예상치 못한 곳에서 전투가 일어나니 얼마나 당황했겠는가. 결국 한 달 후인 1940년 6월 11일에 마지노선 후방에 위치한 프랑스의 수도 파리가 함락되던 순간에도 마지노선 정면만 바라보다 항복할 수밖에 없었다.

일상생활에서 자주 사용하는 '마지노선'의 유래를 알아보았다. 마지노선은 최후의 보루라는 의미로 쓰는 것과는 다르게 실제로는 별다른 역할을 하지 못하고 너무나도 쉽게 무너졌다. 엄청난 비용과 시간, 노력을 들여서 구축하였지만 전쟁 상황에서는 국가에 아무런 도움도 되지 못하고 너무나 허무하게 무너졌던 것이다. 제2차 세계 대전에서 마지노선의 활약(?)을 보았을 때 마지노선은 '평소에는 강해 보이지만 정작 필요할 때 자기 역할을 제대로 못한 것'을 의미하는 것이 맞을지도 모르겠다.

5. Made by War 1

　인류의 역사에서 전쟁을 빼놓고 이야기하기는 힘들다. 전쟁의 역사가 곧 인류의 역사라고 말해도 틀린 말은 아니다. 전쟁은 잔혹하고 처참하지만 아이러니하게도 전쟁을 위해 혹은 전쟁으로 인해 정치·사회·경제·문화 등 인류의 많은 부분에 영향을 준 것은 사실이다. 전쟁은 많은 것을 파괴하고 퇴보시켰지만 동시에 많은 것을 만들어내고 발전시켰다. 우리가 일상에서 쉽게 접하거나 흔하게 사용하는 것인데 '어! 이거 전쟁에서 만들어진 거야?' 하는 것들을 이야기해 보려고 한다.

　승마에서 처음 배우는 것이 한 발을 등자에 걸고 버티고 일어나면서 다른 발을 반대편으로 넘기며 말을 타는 것이다. 등자의 개발·도입 시기는 명확하지 않다. 그러나 등자의 사용은 말을 안정적으로 탈 수 있게 했으며 이로 인해 기병의 시대가 열렸다. 기병이 싸우는 전투방식을 '카우치드 랜스(Couched Lance)'라고 하는데, 한 손으로 말 고삐를 잡고, 다른 손으로는 창을 쥐고 적진으로 돌격하는 전술이다. 이런 전술도 등자가 개발되어 마상에서 중심을 잡을 수 있기에 가능해진 전술이다.

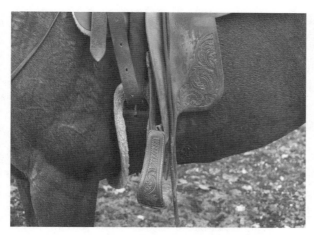
〈등자〉

〈말을 타고 퍼레이드하는 모습〉

　　기병의 출현과 강력한 몽골기병의 등장은 역사의 큰 획을 그었
다. 말을 타는 기병은 제2차 세계대전에서도 있었으며, 현대에서는
말을 타고 전투하기보다는 퍼레이드나 행사에 참여하는 형식적인 모
습으로 등장하고 있다.

〈루이 14세의 초상화〉

하이힐, 스타킹, 가터벨트, 브레지어, 코르셋도 전쟁으로 인해 탄생한 것들이다. 하이힐은 기병들이 말에 올라 등자에 발을 고정시키는 용도로 사용되었다. 페르시아 같은 중동에서 기마 전투의 필수품으로 만들어진 하이힐은 16세기경 유럽으로 전파되었고, 이런 하이힐은 유럽의 귀족들이 사회적 신분을 과시하는 사치품이 되었다. 하이힐은 기마 전투에는 유리하고 사치품으로 활용되었지만 뛰거나 걷는 데는 불편하였기에 점차 여성의 물건으로 변했다.

스타킹은 전투할 때 다리를 보호하기 위해 착용하던 가죽덮개에서 시작했다. 이후 중세시대에 기사들이 쇠로 만든 갑옷을 맨살에 입다보니 쇠에 긁혀서 생기는 상처, 쇠와 접촉해서 발생하는 피부병 등이 발생하면서 스타킹을 안에 착용하기 시작했다. 스타킹은 갑옷이 피부에 상처를 내는 것을 막아줄 뿐만 아니라 보온과 활동성을

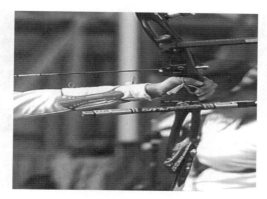

〈양궁 선수들의 손목보호대〉

〈흉갑을 입은 기사의 모습〉

유지하는 역할을 했고, 이런 스타킹이 갑옷 안에서 흘러내리지 않게 만든 물건이 가터벨트이다. 루이 14세의 초상화를 보면 스타킹과 하이힐을 신은 것을 알 수 있다.

　브레지어(brassiere)는 활을 쏘는 궁사들의 손목보호대 '브라시에르(braciere)'란 단어에서 비롯되었다. 처음에는 손목보호대였으나 갑옷의 가슴 보호구를 통칭하는 용어로 쓰이면서 이름이 바뀌었다.

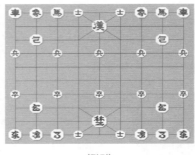

〈장기〉   〈체스〉

코르셋(corset)도 최초에는 군인들이 갑옷을 입을 때 피부와 허리를 보호하기 위해 사용되었고, 특히 팔 부분에는 보호구가 없이 가슴과 복부를 보호하는 '흉갑'의 모습을 본떠 만든 코르셋이 아직까지 남아 전해지고 있으며, 점차 용도가 바뀌어 귀족 여성들이 입으면서 여성 의복으로 변화하였다.

장기와 체스는 먼 친척 관계이고 둘 다 전쟁으로부터 만들어진 놀이이다. 장기는 3,000년 전 고대 인도에서 시작되었는데, 장기알 중 상(象)은 코끼리의 상아를 뜻하는 단어이다. 당시 인도군은 코끼리, 전차, 기병, 보병의 편제로 이루어져 있었다고 한다. 이런 장기가 페르시아를 거쳐 유럽에서 변화하여 체스라는 새로운 게임이 탄생한다.

18세기 영국에서 시작된 산업혁명은 증기기관이라는 새로운 기관의 발명과 함께 인력을 대체하는 기술로 인해 사회·경제 구조가 변화하게 된 것을 의미한다. 증기기관의 등장은 공장의 대량생산을 가능하게 해주고, 철도와 기차의 도입으로 유럽의 제국주의 전쟁은 더 빠르게 확산되면서 현대전으로 접어들게 된다.

미국의 남북전쟁은 다양한 무기와 전투방법이 등장하면서 '최초의 현대전'으로 불린다. 남북전쟁 당시 전신, 철도, 기관총, 잠수함 등의 신기술이 등장해 전쟁의 양상을 바꾸었다. 전신은 전장의 상황

〈증기 열차의 모습〉

을 공유하고 명령을 전달하는 데 유효한 역할을 했으며, 철도가 깔
린 곳이라면 기차를 이용해 병력을 실어나를 수 있게 되었다. 기관
총과 잠수함은 적극적으로 활용되지는 않았지만 새로운 무기체계의
등장과 새로운 과학기술이 전쟁을 급속도로 발전시켰다.

　무엇보다도 세계인에게 큰 충격을 주었던 제1, 2차 세계대전을
빼놓을 수 없다. 두 번의 세계대전은 막대한 피해를 입힌 만큼 아이러
니하게도 전쟁에서 이기기 위해 기술이 급속도로 발전한 사례이다.

　제1차 세계대전은 '대전(Great war)' 혹은 '모든 것을 끝내기 위
한 전쟁'이라고도 부른다. 그만큼 새로운 기술과 무기로 인해 이전
전쟁들과는 비교하지 못할 만큼 빠르고 잔인하게 사상자가 발생했기
때문이다. 전쟁에서 대량 살상을 가능하게 한 기관총, 독가스, 비행
기, 화염방사기, 탱크, X선, 레이더 등이 제1차 세계대전 기간에 등
장했다. 19세기까지만 해도 기사도를 바탕으로 한 자부심을 지닌 유
럽의 군인들은 화려한 군복을 입고 전투에 참가했다. 화려한 군복은
포화 속에서 피아 식별을 위한 신호 대책으로서도 유의미했지만 그

〈악마의 3형제: 기관총, 철조망, 참호〉

들의 자부심을 대변했다. 그들은 화려한 군복이 대량살상의 원인이
될지 예측하지 못했던 것 같다.

　제1차 세계대전에는 철조망, 참호, 기관총이라는 '악마의 3형제'
가 있다. 악마의 3형제 중 기관총은 본래 의사였던 리처드 조던 개
틀링(Richard Jordan Gatling)이 만든 무기이다. 1861년 남북전쟁 때
개틀링은 수많은 사상자를 치료하는 과정에서 전투원을 줄이고 전투
가 빨리 끝난다면 수많은 목숨을 구할 수 있지 않을까 하는 생각으
로 기관총을 발명했지만, 기관총은 개틀링의 생각과 다르게 전쟁의
모습을 바꿔놓았다.

　악마의 3형제는 서로 진지를 만들어놓고 돌격해오는 적을 상대

〈제1차 세계대전 당시 탱크의 모습〉

로 소모전, 참호전의 모습을 만들었고, 3,000명으로 편성된 1개 연대를 전멸시키는 데 10분 정도밖에 안 걸렸다고 한다. 서로 참호를 만들고 대치하는 상황은 4년여 동안 이어졌고, 병사들이 참호(trench) 안에서 긴장감과 공포를 이겨내기 위해 총탄, 포탄 등의 표면에 자신의 이름이나 전쟁의 슬픔, 꿈, 희망 등의 이미지를 새겨넣는 군사예술(trench art)이 만들어지기도 했다. 버버리사에서 영국군 장교용 방수 코트를 보급하던 것이 이후 유행이 되어 트렌치 코트가 탄생하기도 했다.

연합군, 특히 영국에서는 철조망 지대를 개척하기 위해 전차를 개발하여 전장에 투입하기도 했는데, 당시 이 비밀병기를 숨기기 위해 물 탱크와 같은 이름인 탱크(tank)로 명명하여, 지금의 궤도전차들이 개발되었다.

또한 참호전을 극복하기 위해 생각해낸 것이 가스전인데, 이를 개발한 사람은 독일의 화학자 프리츠 하버(Fritz Haber)다. 하버는 암모니아 합성법으로 질소 비료를 만듦으로써 많은 이들의 생명을 구한 업적으로 노벨 화학상을 받지만, 동시에 유독 염소가스를 만들어

〈독가스를 준비하는 하버와 독일군〉

독일군의 독가스 개발에 기여함으로써 많은 이들의 생명을 잃게 만들었다.

　제1차 세계대전 당시 국가가 총력전을 하면서 대다수의 남성이 전쟁터에 나갔기 때문에, 부족한 노동력을 메우려고 여성들이 참여하기 시작했고, 전시 간호사로 참전하기도 하였다.

　당시 목화솜은 지혈에 사용하는 의료기구로 사용되다가 이를 대체하기 위해 킴벌리사에서 '셀코튼(cellcotton)'을 만들어 의료용으로 사용하게 되었다. 지혈, 즉 피를 흡수하는 데 유용한 이 대체품은 자연스럽게 여성들의 생리대로 발전하게 된다.

　전장에서 얼굴의 일부분이 찢어지거나 함몰되는 등 처음 보는 상태의 환자를 치료하던 영국의 해럴드 길리스(Harold Gilles) 박사는 얼굴 부상 부위에 보형물을 삽입해 최초로 성형수술을 시도하였고 덕분에(?) 길리스 박사의 병원에는 얼굴에 부상을 입고 성형수술을 받으려는 군인들로 넘쳐났다고 한다.

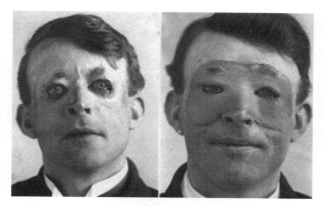

〈최초의 성형수술 사진〉

〈필라테스 사진〉

　　포로수용소 병원에서 근무하던 요제프 필라테스(Joseph H. Pilates)
가 포로와 부상병의 재활치료를 위해 고안한 근육 강화 운동이 오늘
날 여성들에게 인기 있는 필라테스 운동으로 발전하였다.

　　제2차 세계대전에서는 더욱더 기술이 발달하고, 그에 따라 무기
의 파괴력도 증가하였다. 제2차 세계대전은 인류 역사상 가장 파괴적

〈V2 로켓〉

인 전쟁으로 비행기와 엔진의 발달과 이를 막기 위한 레이더의 개발, 그에 따라 발명된 전자레인지, 유도 미사일, 핵무기 등이 개발되었다.

하늘을 날고 싶다는 호기심에서 시작된 비행기는 자연스럽게 전장에서 정찰용으로 활용되었다. 이후, 다양한 엔진을 개발하면서 비행기를 안정적으로 체공하게 해주는 양력이 커지면서 정찰기, 전투기, 폭격기 등이 다양하게 발달할 수 있었다. 폭격기들이 폭탄을 싣고 각국의 본토에 떨어뜨리는 전술이 발달하자 이를 막기 위한 레이더 개발로 이어졌다. 레이더는 비행기뿐만 아니라 바다의 배도 확인할 수 있고, 날씨를 예측하는 데까지 발전하게 된다. 또한 레이더에 사용되는 마이크로파를 연구하던 퍼시 스펜서(Percy Spencer)는 시원한 실험실에서 초콜렛이 녹는 것을 발견하고 이를 바탕으로 전자레인지를 개발하게 된다.

폭격기의 피해와 부정확함으로 인해 영국 본토에 피해를 입히는 게 제한되자, 히틀러는 베르너 폰 브라운(Werner von Braun) 박사를 비롯한 연구원들에게 미사일을 개발하라고 하였고, V2라는 로켓이 미사일로 개발됨과 동시에 강대국들은 미사일 개발에 열을 올리게 된

〈핵 폭발〉

다. 미사일이 개발되면서 더 정밀하게 표적을 맞추는 유도방식이 필
요하였고, 이로 인해 GPS(Golobal Positioning System, 전 지구 위치 파악
시스템)와 GIS(Geographic Information System, 실시간 지리정보시스템),
레이저 등을 활용하는 다양한 유도방식이 개발된다.

　　제2차 세계대전에서 가장 큰 충격은 핵무기 개발인데, 핵무기는
핵분열 혹은 핵융합으로 인해 발생하는 에너지를 이용한 무기이다.
핵분열 폭탄은 약 20,000톤의 TNT에 해당하는 에너지를 방출하고,
핵융합 폭탄은 약 100만톤의 TNT에 해당하는 에너지를 방출한다.
재래식 폭탄보다 작은 핵무기라도 도시 하나를 초토화할 수 있는 에너
지를 가지고 있으며, 더 무서운 점은 폭발 이후 발생하는 EMP(Electro
Magnetic Pulse, 전자기 펄스) 효과, 방사능, 압력파, 화재 등으로 인해
토지와 식생까지 파괴할 수 있는 위력을 지녔다는 점이다.

　　제2차 세계대전 이후 세계는 미국을 대표하는 자본주의와 소련
을 대표하는 공산주의의 이념 전쟁, 냉전시대로 접어든다. 제2차 세

〈최초의 아르파넷〉

계대전 때 개발된 기술로 인해 미국과 소련을 비롯한 강대국들은 너나 할 것 없이 미사일과 핵무기, 재래식 무기를 개발하고 대량생산하며 군비경쟁을 한다.

미사일의 발전은 자연스럽게 우주로 쏘아올리는 인공위성과 우주비행선 개발로 이어졌고, 인공위성이 개발되면서 GPS를 활용할수 있게 되었다.

스마트폰, 4G, 5G, 와이파이 등 우리가 매일 사용하는 인터넷도, 1969년 미국 국방부 주도로 개발한 컴퓨터 네트워크 아르파넷(ARPANET)을 구축하였는데, 아르파넷을 시점으로 네트워크라는 개념이 생겼다. 이후 개방형 구조의 네트워크가 설계되면서 인터넷이민간에서도 사용할 수 있게 되었다.

우리가 아무렇지 않게 생각하고 자연스럽게 누리는 것들은 당연하게 만들어진 것이 아니다. 인류에게 많은 고통을 주었던 기술들이 한편으로는 인류 발전에 기여했다는 사실이 놀라울 따름이다.

6. Made by War 2

　전쟁은 다양한 기술과 문화, 역사를 만들었지만 그에 못지않게 전쟁을 통해 음식도 전파되면서 각 나라의 사회·문화에 맞는 음식으로 변화하였다. 전쟁터에서는 전쟁을 지속하기 위한 수단으로서 전쟁 음식이 발달되고 전쟁 이후에 일상으로 자연스럽게 들어온 음식도 있다.

　음식을 보관하는 방법은 여러 가지가 있으나 그중 병조림과 통조림을 개발한 공은 나폴레옹에게 돌려야 할 것이다. 나폴레옹은 전쟁이 길어지면서 획기적인 보관·보급방식을 요구했고 이에 맞춰 개

〈병조림〉

〈통조림〉

〈콜라와 환타〉

발된 것이 병조림이다. 휴대용 병조림은 식품을 오래 보관하는 데는 좋았지만, 아주 작은 충격에도 유리가 깨지다 보니 여간 불편한 게 아니었다. 이를 보완하기 위해 통조림이 발명되었고 전투식량에서 통조림이 약방의 감초같은 역할을 하게 되었다. 이후 그 편리함으로 인해 병조림과 통조림은 자연스럽게 일상생활로 넘어오게 되었다.

　　1855년 독일의 프리드리히 게트케(Friedrich Gaedcke)가 코카 잎에서 코카인을 추출하는 데 성공하면서 사람들은 물에 타거나 코카인 가루를 흡입하면서 황홀해지는 기분, 고통에 무뎌지는 상태를 체험하게 된다. 코카인은 곧 마취약으로 활용되고 우울증 치료약으로도 각광받았다. 코카인을 비롯한 마약류 물질이 군인들에게 보급되면서 전쟁으로 인한 고통을 이겨내는 용도로 사용되기도 하였다.

〈커피〉

　　코카인을 주 원료로 만든 콜라가 시중에서 팔리던 중 국제 의학계가 코카인을 마약으로 규정하여 1903년 코카인을 대신해 카페인이 함유된 코카콜라가 등장한다. 코카콜라는 세계적으로 인기 있었다. 그러나 제2차 세계대전이 발발하면서 미국 본사에서 독일 지사로 보내던 코카콜라 원액 수출이 중단되었고, 독일에서는 콜라를 더는 마실 수 없게 되었다. 이에 독일에서는 콜라와 맛이 비슷한 환타를 개발해 독일에서 큰 인기를 끌었고, 이는 식수 배급이 좋지 않았던 독일 군인들에게도 큰 인기를 끌었다고 한다. 편의점에서 쉽게 맛볼 수 있는 콜라와 환타는 이렇게 전쟁과 밀접한 관련이 있는 음료수이다.

　　우리가 일상에서 자주 마시는 커피의 원두인 커피콩은 에티오피아가 원산지이지만 최초로 커피를 마시던 사람들은 이슬람 수도사들이었다. 커피콩은 9세기 무렵 에티오피아 등 아프리카와 교역하던 아랍 상인들을 통해 이슬람 지역으로 전파되었다. 커피는 수도사들

〈크루아상〉

이 명상할 때 졸음을 쫓기 위해 커피콩을 볶으면 나오는 커피콩즙을 마시면서 시작되었다. 이렇게 아랍에서 먹던 커피즙이 유럽으로 전해진 이유는 전쟁이었다.

　　1683년 오스만 제국이 두 달 간 오스트리아의 빈을 포위하였으나 결국 패배한다. 이때 오스만 군대는 예상 외의 선물인 커피콩을 남겨놓고 간 것이다. 전해지는 이야기로는 포로로 잡혀 있던 사람이 오스만 군대에서 커피를 만드는 법을 배웠고, 전쟁 후 빈으로 돌아온 그가 커피 만드는 법을 전파하며 '비엔나 커피'가 유럽에 알려졌다. 또한 오스만과 전투의 승리를 기념하고자 빵을 만들었는데, 오스만 군대의 깃발에 그려진 초승달을 본떠 만든 '크루아상'이 탄생한 것이다.

　　비엔나 커피와 크루아상은 오스트리아인들이 즐겨 먹는 음식이 되었고, 이후 프랑스 왕실로 전해지고 유럽 전역으로 퍼졌다.

    몽골의 세계 정복은 세계사에 한 획을 그은 사건이었다. 몽골로 인해 다양한 음식이 탄생하였는데, 대표적인 음식으로는 샤부샤부, 육포, 햄버거를 들 수 있다.

    특히 전쟁에서 속도를 중시했던 몽골군은 말 여러 마리를 데리고 다니며 장거리를 신속하게 이동하였다. 전장에서 이동거리가 길어지면 보급선도 길어져 기동속도가 느려지는 문제가 발생하게 되는데, 몽골군은 이 문제를 해결하기 위해 소고기를 말린 '보르츠'라는 전투식량을 말안장 아래에 넣고 다니며 추가적인 보급 없이 식사를 해결했다. 보르츠는 소고기, 말고기, 양고기 등으로 만들었고, 보르츠 가루를 물에 타먹으면 한끼 식사로 충분했다고 한다.

    햄버거의 원조가 되는 패티(patty)도 몽골군의 전투식량이었다. 몽골군은 고기를 잘게 썰거나 덩어리째 말안장에 넣고 다녔다. 모스크바까지 점령한 몽골군의 패티 문화는 타타르 스테이크라는 서양식 육회로 변화하였고, 독일로 건너간 패티는 함부르크에서 만든 스테이크라는 이름으로 미국으로 건너가 함부르크의 영어식 발음인 햄버거로 바뀌어 우리 주변에서 흔히 볼 수 있는 음식이 되었다.

    몽골 부대는 육식만을 한 것이 아니라, 원정을 떠나기 전 가죽부대 두 자루에 식량을 담았다. 가죽부대에 담아간 유제품이 지금의 분유와 비슷했다. 분유와 비슷한 우유 반죽이거나 농축된 우유, 말린 우유 등을 휴대하며 먹었다. 또한 식사할 시간도 없이 급하게 이동해야 하는 경우에는 말의 정맥에 상처를 내서 흐르는 피를 마셨다고 한다. 피를 뽑힌 말은 교체하여 다른 말을 타고 이동을 계속했다. 사실 최초의 분유도 전쟁을 치르는 몽골 병사들을 위한 음식이었다.

    우리나라에도 몽골로 말미암아 발전된 음식이 있다. 고려 때는 불교로 인해 채식을 가까이하게 되었다. 그러던 중 몽골의 침략과 지배로 몽골의 육식 문화가 고려에 전파되었고, 꼬치에 고기를 꿴

〈설렁탕〉

〈육회〉

〈부대찌개〉

〈밀면〉

다음 소금과 참기름 양념으로 구워먹는 설야적(雪夜炙)이 유행했다. 조선시대에는 이러한 요리법을 계승한 요리인 너비아니가 탄생했다. 너비아니는 소고기나 돼지고기로 만들었기에 왕실이나 양반만 먹을 수 있었고, 서민들은 너비아니와 비슷하게 만든 떡갈비를 뭉쳐 구워 먹었다.

　　몽골이 고려에 전파한 음식은 이뿐만이 아니다. 설렁탕, 소주, 육회도 몽골인의 음식이었다. 몽골군이 일본 원정을 준비할 때 마시던 독한 술이 안동에 전파되면서 증류주인 소주가 탄생했고, 소고기에 파를 넣은 '술렝(sulen)'이라는 국이 전파되면서 설렁탕이 되었다고 한다. 육회 역시 소고기를 생으로 먹는 몽골의 문화가 넘어온 것이다.

6.25 전쟁은 씻을 수 없는 상처로 남아 있다. 전쟁으로 인해 전 국토는 초토화되었고, 먹을 만한 음식이 마땅치 않았다. 당시 미군부대에서 먹다 남긴 소시지와 햄을 넣고 끓여먹던 찌개에 김치를 비롯한 각종 나물을 함께 끓이면서 '부대찌개'가 되었다.

6.25 전쟁으로 피폐해진 땅에서 냉면의 원료인 메밀을 구할 수 없자, 미국이 원조한 밀가루를 활용해 밀면을 만들어 먹었는데 이게 부산 밀면의 시초이다.

이 밖에도 다양한 음식이 전쟁으로 인해 탄생하거나 발명되었다. 우리가 당연하게 먹는 음식이지만, 이 음식들이 만들어지기까지 어떤 역사가 녹아 있는지 알고 먹는다면 더 의미 있지 않을까.

7. 북한의 도발

　남과 북으로 나뉜 이래 북한은 끊임없이 도발을 자행했다. 6.25 전쟁부터 이 순간까지도 동아시아 정세, 남북의 관계는 좋아졌다 나빠지기를 반복했지만 매 순간 도발은 끊이지 않았다. '코리아 디스카운트(Korea discount)'는 군사적 대치로 인해 우리나라 경제가 낮게 평가받는 것을 의미한다. 경제적인 이슈를 차치하더라도, 북한의 도발은 우리에게서 매우 소중한 것들을 빼앗아가고 있다. 그들의 도발로 수많은 사람들이 목숨을 잃거나 다쳤다.

　사건 당사자, 피해자들은 소중한 목숨을 잃거나 크게 다쳤으며 그 가족들은 평생 슬픔을 간직한 채 살아가고 있다. 주요 사건 위주로 간단히 소개하지만, 우리의 조부모, 부모들이 조국을 위해 헌신했음을 마음 깊이 새겼으면 하는 바람이다.

북한의 도발 사례

구분	내용	일자
1950년대	1. 창랑호 납북사건	1958.2.16
	2. 공군 C-46 납북 미수사건	1958.4.10

1960년대	1. 경원선/경의선 폭파사건	1967.9.5./1967.9.13
	2. 1.21사태(청와대 기습사건)	1968.1.21
	3. 프에블로호 납치사건	1968.1.23
	4. 울진·삼척 무장공비 침투사건	1968.10.~12.
1970년대	1. 판문점도끼만행사건	1976.8.18
	2. 헨더슨 소령 사건	1975.6.30
	3. 남침용 땅굴 발견	1974/1975/1978/1990
1980년대	1. 남해 무장공비 침투사건	1980.12.1
	2. 미얀마 아웅산 묘소 폭파사건	1983.10.9
	3. 김포국제공항 폭탄테러	1986.9.14
	4. 대한항공 858 폭파사건	1987.11.29
1990년대	1. 강릉 잠수함 침투사건	1996.9.18.~11.5.
	2. 부부간첩사건	1997.7.~10.
	3. 제1연평해전	1999.6.15
2000년대	1. 제2연평해전	2002.6.29
	2. 금강산 관광객 피격 사망 사건	2008.7.11
	3. 핵실험	2006.10.9~
2010년대 이후	1. 천안함 피격 사건	2010.3.26
	2. 연평도 포격 사건	2010.11.23
	3. GPS교란 사건	2010~
	4. 남북공동연락사무소 폭파	2020.6.16

⊕ 1950년대

1. 창랑호 납북사건, 1958. 2. 16.

    대한국민항공사(KNA)의 여객기 창랑호가 공중에서 납치되어 18일간 북한에 억류되었다. 창랑호는 승무원과 승객 30여 명을 태우고 부산에서 서울로 향하던 중, 괴한들이 총기를 휘두르며 조종실을 장악했고 여객기는 평양으로 향했다. 창랑호 조종사는 미국인이었으며 승객 중에는 독일인도 있어 세계적으로 주목을 받은 사건이다. 외국인이 탑승하고 있어 북한은 세계적인 주목과 질타를 받을 수밖에 없었고, 3월 6일 판문점을 통해 승무원과 승객을 돌려보냈다.

2. 공군 C-46 납북미수사건, 1958. 4. 10.

창랑호 납북 사건이 있은 지 얼마 지나지 않아 공군 수송기를 납북하려고 시도했다. 대구를 출발하여 서울로 향하던 공군 C-46 수송기는 북한 간첩인 최정일 대위가 월북을 강요했다. 다른 간부들에게 제지당하여 실패했으나 이 과정에서 통신사 김상호 하사가 살해당했다.

⊕ 1960년대

1. 경원선 폭파사건, 1967. 9. 5. / 경의선 폭파사건, 1967. 9. 13.

1967년 9월 5일 포천군 청산면 초성리의 경원선 초성역 남쪽 500m 지점에서 북한의 소행으로 추정되는 TNT가 폭발했다(용의자는 찾지 못했다). 이 폭발로 인해 승객 400여 명을 태운 열차 5량 중 3량이 탈선하였다.

1967년 9월 13일에는 경의선 임시역 남쪽 500m 지점에서 폭탄 테러가 또 발생하였다. 군수물자를 수송하던 화물열차가 운행 중이었던 점으로 보아 해당 열차를 목표로 했다고 추정된다.

2. 1.21사태(청와대 기습 사건), 1968. 1. 21.

1968년 1월 21일 북한의 124군부대 무장 게릴라 31명이 청와대를 기습하기 위해 육지로 침투한 사건이다. 그들은 서울 종로에 있는 자하문터널을 통과하다가 경찰에게 발견되자 검문경찰과 지나가던 시내버스를 향해 수류탄을 던지고 기관총을 난사하였다. 이에 경찰이 살해당하고 민간인 사상자가 발생하였다. 군과 경찰은 현장으로 출동하여 28명을 사살하고 김신조를 생포하였다.

북한 무장공비가 휴전선에서 서울 종로까지 침투한 사실 때문에 군의 경계감시 능력이 대폭 상승하는 계기가 되었다. 이 사건을 계기로 1968년 4월 1일 향토예비군을 창설하였다.

3. 푸에블로호 납치사건, 1968. 1. 23.

1.21 사태 이틀 뒤인 23일에 미 해군 정보수집함 푸에블로호가 북한 원산항으로 끌려간 사건이다.

4. 울진 · 삼척 무장공비 침투사건, 1968. 10~12.

1968년 10월 말에서 11월 초 사이에 북한 무장공비 100여 명이 침투한 사건이다. 그들은 기관단총, 권총, 수류탄, TNT 등으로 무장하였다. 당시 언론 발표에 따르면 회수한 탄약이 2만 발에 가까웠다. 그들은 주민을 모아서 북한의 사상을 교육하였고 이에 따르지 않은 주민은 잔인하게 살해하였다. 1968년 12월 말까지 공비 113명을 사살하고 7명을 생포하였다. 그 과정에서 민간인 20여 명과 군인 30여 명이 목숨을 잃었다. 이승복 살해사건도 울진 · 삼척 무장공비 사건 중에 벌어졌다.

⊕ 1970년대

1976년 8월 18일 오전에 북한군 30여 명이 도끼를 휘둘러 주한 미군 2명을 살해하고, 미군과 국군 그리고 장비에 피해를 입혔다. 사건 당일 미군과 국군은 사계를 방해하는 미루나무를 자르고 있었다. 이 나무는 유엔의 관할지역 안에 있었으나 북한군이 항의했다. 이를 무시하고 작업을 계속하자 북한군은 트럭에 병력 수십 명을 싣고 와서 공격을 가했다. 이 사건을 계기로 전투준비태세 등급이 격상되고, 미군은 해군, 공군 전력을 한반도로 급파하였다. 이에 김일성은 유례없는 유감 성명을 전달했고 사건은 일단락되었으나 남북, 북미의 관계는 급속도로 나빠졌다.

〈판문점도끼만행사건〉

2. 헨더슨 소령 사건, 1975. 6. 30.

1975년 6월 30일 UN군 소속 미 육군소령 헨더슨이 판문점에서 인민군에게 폭행당한 사건이다. 북한의 기자 배성동이 헨더슨 소령에게 시비를 걸며 싸움이 붙자 인민군들이 달려와 소령을 구타했다. 대한민국과 UN군 소속 군인들이 폭행을 말리고자 달려갔으며 일촉즉발의 상황으로 치달았다. 헨더슨 소령 사건 1년 후 판문점도끼만행사건도 발생하여 북미관계는 매우 악화되었다.

3. 남침용 땅굴 발견, 1974, 1975, 1978, 1990

남침용 땅굴은 북한이 지속적으로 전쟁을 준비하며 우리가 예상하지 못하는 방식으로 행한다는 명백한 증거이다.

⊕ 1980년대

1. 남해 무장공비 침투사건, 1980. 12. 1.

1980년 12월 1일 북한 공비 3명이 경남 남해·여수 축선으로 침투한 사건이다. 남해안은 리아스식 해안으로 지형이 복잡하여 감시가 제한되고, 남해·여수 지역은 침투하기 용이한 지역이었다. 군의 헌신적인 매복작전으로 침투 중인 반잠수정을 발견하고 3명 중 2명을 사살하고, 도주한 1명은 추후에 사살하였다. 또 침투에 사용한 선박을 해군이 추적하여 격침시켰고 침투인원 9명을 모두 사살하였다.

2. 미얀마 아웅산 묘소 폭파사건, 1983. 10. 9.

1980년 10월 9일 대통령을 노린 폭파사건이다. 당시 대통령을 포함한 정부 관료들은 미얀마를 방문 중이었다. 북한은 대통령 일행의 아웅산 묘소 참배가 예정되어 있다는 것을 알고 폭발물을 설치하

〈김포국제공항 폭탄테러〉

였다. 대통령 내외가 차량 정체로 도착이 지연되자, 행사단이 예행연습을 진행하는 중에 폭발이 일어났다. 장관, 비서실장, 대사 등 17명이 순직하고 15명이 중경상을 입었다. 이 사건으로 사회주의 국가인 미얀마는 북한과의 국교를 끊었고, 미얀마 경찰은 북한 국적의 범인을 체포하거나 사살하였다.

3. 김포국제공항 폭탄테러, 1986. 9. 14.

북한은 대한민국이 국제적인 행사를 주관할 때 공격하여 대한민국의 치안이나 격을 떨어뜨리고 사회혼란을 야기했다. 서울 아시안게임을 앞두고 국제공항에서의 테러는 큰 충격을 주기에 충분했다. 폭발로 인해 일반인 4명과 직원 1명이 사망했고 수십 명이 다쳤다. 폭발 위치는 음료수 자판기, 버스 정류장, 택시 승강장이 있어 사람이 붐비는 곳이었다.

4 대한항공 858 폭파사건, 1987. 11. 29.

1987년 11월 29일 바그다드에서 서울로 가던 대한항공 858편 여객기가 간첩에 의해 공중에서 폭파된 사건이다. 이로 인해 약 200명에 달하는 탑승객 전원이 즉사하였다. 김포국제공항 폭파사건과 유사하게 88올림픽 개최를 방해하려고 한 사건이다. 범인은 일본인으로 위조된 간첩 2명이었다. 검거되자 남자는 자살하였고, 여자는 자살에 실패하여 생포되었다. 여자간첩 '김현희'는 북한에서 간첩교육을 받고 여객기를 폭파하였다고 자백하였으나, 북한은 대한민국의 자작극이라고 주장하였다.

⊕ 1990년대

1. 강릉 잠수함 침투사건, 1996. 9. 18~11. 5.

1996년 9월 18일 새벽 강릉시 7번 도로의 수상한 사람과 해상에 좌초된 물체를 택시기사가 신고하면서 작전이 시작되었다. 북한 정찰국 소속 26명이 300톤급 잠수함을 타고 강원도 지역의 군사시설과 주요 국가시설을 촬영하고 주요 인물 암살을 위해 침투했다. 당시 경계태세가 상향되었고 직접 참가인원만 150만 명에 이르는 국지도발 사건이었다.

조타수 이광수 상위를 생포하고 11명은 청학산 정상에서 사체로 발견되었으며 13명은 사살, 1명은 실종되었다. 우리는 군인, 경찰, 예비군 13명과 민간인 4명이 사살당했고 30여 명이 부상을 당했다.

이 사건은 대침투작전의 교리와 전투를 크게 발전시키는 계기가 되었다.

2. 부부간첩사건. 1997. 7.~10.

1997년 7월 침투한 부부간첩 최정남, 강연정이 석 달 후인 10월에 체포된 사건이다. 그들은 사상교육, 생존훈련과 남한의 정치, 사회, 경제, 문화 등에 대하여 10년간 교육을 받았다. 그들은 대한민국에서 활동 중인 고정간첩을 관리하고 추가 인원을 포섭하여 무기를 은닉하는 임무를 부여받았다. 유사시 요인 암살과 남한의 정치, 경제 상황, 각종 대중교통 현황 등을 수집하여 보고하는 임무도 있었다고 알려졌다. 이들은 추가 인원을 포섭하려다 체포되었다. 강연정은 수사 도중 독약을 먹고 자살하였다. 그들이 실제 부부라는 것이 밝혀져 북한의 잔혹함이 세상에 드러났던 사건이다.

3. 제1연평해전. 1999. 6. 15.

1999년 6월 15일 북한 경비정이 북방한계선을 넘어 연평도 해상에서 선제사격을 가해온 사건이다. 해전 약 열흘 전부터 북한의 경비정과 어선은 지속하여 북방한계선을 침범하였다. 사건 당일에도 북한의 경비정 4척과 어뢰정 3척은 북방한계선을 넘어 내려왔고 우리 해군은 고속정 8척과 초계함 2척을 동원하여 경고방송을 하고 북방한계선 북쪽으로 돌아갈 것을 요청하였다. 요청에 응하지 않자, 해군은 밀어내기를 시도하였다. 그러자 북한 경비정이 기관포 등으로 선제공격을 했고 해군도 대응하였다. 북한은 100명이 넘는 사상자가 발생한 것으로 추정되고, 어뢰정 1척 침몰, 경비정 1척 반파, 3척이 파손되었다. 해군도 7명이 부상당하고 고속정 5척이 작은 피해를 입었다.

〈영화 연평해전 포스터〉

⊕ 2000년대

1. 제2연평해전, 2002. 6. 29.

2002년 6월 29일 오전 북한은 제1연평해전에서 패배한 것에 대한 복수와 월드컵을 방해할 목적으로 선제공격하였다. 제1연평해전과 유사하게 북한은 경비정이 계속하여 북방한계선을 침범하였다. 북방한계선을 침범한 북한 경비정 2척을 몰아내기 위하여 우리 고속정 4척이 대응하였다. 경고방송을 하자 북한은 선제기습을 해서 참수리 357호가 큰 피해를 입었다. 윤영하 소령 등 해군 6명이 전사하고 19명이 부상당했으며 참수리호는 침몰하였다. 북한은 30여 명이 죽거나 다치고 초계정이 반파되었다.

2002년 6월 29일은 2002 한일월드컵 대회 중으로 한국과 터키의 3-4위전이 있던 날이다. 북한은 국제 대회를 방해하기 위해 공격했다고 볼 수도 있다. 당시 제2연평해전을 적극적으로 보도하지 않고, 축제 분위기와 애도 분위기 속에서 정부가 입장을 표명하는 데에 곤욕을 치르기도 하였다.

2. 금강산 관광객 피격 사망 사건, 2008. 7. 11.

2008년 7월 11일 금강산 관광객 박왕자 씨가 북한의 총격으로 사망한 사건이다. 박왕자 씨는 해안가 산책 중이었다. 사격발수와 사망위치에 대하여 논란이 있었고 아직도 진상규명이 이루어지지 않았다.

3. 핵실험, 2006. 10. 9. 이후 지속

북한은 2006년부터 핵 실험을 지속하고 있다.

[✦] 북한 핵실험 일지

1차	2차	3차	4차	5차	6차
2006.10.9.	2009.5.25.	2013.2.12.	2016.1.6.	2016.9.9.	2017.9.3.

북한은 경제적, 군사적 차이를 극복하기 위해 비대칭 전력을 육성하고 있다. 국력에서도 군사력에서도 뒤처진 북한은 재래식 전력으로는 국제사회, 남북관계, 북미관계에서 우위를 가질 수 없기에 재래식 전력의 규모와 상관없이 외교적 힘과 전쟁의 승리를 보장하기위한 전략수단을 육성하는 것이다.

$$P = (C+E+M) \times (S+W)$$

- Critical Mass: 인구, 영토 등
- Economy: 경제력
- Military: 군사력
- Strategy: 국가전략
- Will: 국민의 의지

〈레이 클라인(Ray Cline)의 국력평가 공식〉

북한의 전략수단에는 특수부대, 포병전력(갱도화), 잠수함 전력, 사이버전, 생화학 무기, 핵무기/미사일이 있다. 핵무기를 탑재하여 먼 거리에도 투사할 수 있는 미사일도 핵 개발의 영역에 포함된다.

북한이 핵무기를 보유했는지에 대해서는 여러 의견이 있지만, 핵무기의 성능 향상을 위해 개발을 지속하는 것은 명백하다.

⊕ 2010년대 이후

1. 천안함 피격 사건, 2010. 3. 26.

2010년 3월 26일 해군 PCC-772 천안함이 백령도 근처 해상에서 북한의 어뢰공격을 받았다.

해군 장병 58명이 구조되었으며, 40명이 사망했고 6명은 실종되었다. 다국적 민·군 합동조사단은 북한의 해군전력이 해군기지를 이탈한 점을 확인했다. 천안함의 피해 정도를 분석하여 어뢰의 규모를 확인하고 어뢰의 파편 등을 통해 북한 어뢰 설계도와 일치하는 점, 파편에 '1번'이라는 글자가 있는 점을 근거로 북한의 공격으로 확인하였다. 북한은 이를 인정하고 있지 않는다.

3월 30일, 실종자 수색을 하던 한주호 준위가 잠수병으로 사망하였다. 그는 해군 특수부대에서도 덕망 높고 헌신적인 군인이었고 전우를 구조하기 위해 몸에 끝까지 잠수했다.

2. 연평도 포격 사건. 2010. 11. 23.

2010년 11월 23일 북한이 연평도를 포격한 사건이다. 우리 군의 호국훈련에 불만을 표하던 연평도 해병부대와 민가에 포병사격을 170여 발 했고, 포격 10여 분 후 우리 해병부대도 K9자주포로 북한 진지에 80여 발을 사격하였다.

주민 2명과 해병 병사 2명이 사망하였으며, 민간인·군인 19명이 부상을 당했다. 민간주택과 각종 시설이 피해를 입었으며 산불도 발생하였다. 우리 영토를 공격한 것과 민가지역도 공격하였다는 점은 큰 충격을 주었다.

3. GPS교란 사건

북한은 2010년대 이후 전방지역의 GPS 전파를 지속적으로 교란하고 있다. 교란에 따라 기지국 수백~수천 개와 항공기, 선박 등이 영향을 받기도 하였다. 북한이 비대칭 전력을 보유하고 시험하기 위한 행동으로 볼 수 있다.

4. 남북공동연락사무소 폭파. 2020. 6. 16.

2020년 6월 16일 오후에 북한이 개성의 남북공동연락사무소를 폭파한 사건이다. 김정은의 동생 김여정은 2020년 6월 초에 "군사분계선 일대 삐라(민간단체에서 북한 주민들에게 날리는 전단, 식량, 생활용품 등) 살포 등 적대행위를 금지하기로 한 판문점 선언과 군사합의를 위반한 것이라며 조치를 취하지 않고 지속된다면 개성공업지구의 완전철거, 북남(북한 명칭) 공동연락사무소의 폐쇄가 이루어질 것"이라고 발표하였다. 이후 북한은 대한민국과의 모든 통신을 차단하였으며 16일에 남북공동연락사무소를 파괴했다.

표면적으로는 삐라(대북전단)를 빌미로 도발하였지만, 사실 대북전단은 시대와 정권에 무관하게 지속적으로 살포하였었다. 대한민국만 살포하는 것이 아니라 북한도 남측으로 전단을 살포하기도 한다.

남북공동연락사무소는 2018년 남북정상회담과 남북고위급회담을 통해 대한민국이 건설비용을 전액 지불하여 건설한 것이다. 남북공동연락소 폭파의 영향으로 개성공단 종합지원센터도 외벽이 무너지는 등의 피해를 입었다.

[에필로그]

육군사관학교 저학년 시절, 난 학교에 잘 적응하지 못하는 생도였다. 성적은 뒤에서 손가락으로 꼽히는 수준이었고, 물론 군사훈련과 생활도 아주 못하고 항상 뒤처지는 생도였다. 안 그래도 학교에 잘 적응하지 못하고 있는, 갓 교복을 벗은 20살이었던 나에게 군사 분야는 너무 어렵고 다가가기 힘든 존재였다. 당시 나의 예상과 달리 군사 분야는 매우 학술적이고 과학적이었으며 복잡하였다.

결국 사관학교와 군은 나를 국가의 안보를 걱정하고 부대의 전투력 향상을 위해 고민할 줄 아는 장교로 성장시키는 데 성공(?)하였다. 이후 야전에서 지휘관과 참모, 교관 임무를 수행하고 KAIST(한국과학기술원) 석사과정에 진학했다. KAIST에서 야전 각지에서 다양한 경험을 하고 온 선배들을 만나 '군사 분야가 왜 접근하기 힘든지'에 대한 이야기를 많이 나눴다. 서로에게 군사서적을 추천하며 연구하는 모임을 지속하다가 결국 이 책을 집필하기로 결정하였다.

우리는 이 책을 통해 군 경험이 적거나 없을지라도 군사 분야가 마냥 딱딱하고 어려운 것만은 아니라는 이야기를 전하고 싶었다. 아마 수년 이상의 군 경험이 있는 군인들은 이미 책 내용에 대해 상당 부분 친숙할 것이다. 그럼에도 현재 우리나라에서는 군 경험이 많거나 해당 분야에 많은 연구를 한 사람들만이 이해할 수 있는 군사서적들이 대부분이기 때문에 이 책이 누군가에게는 큰 역할을 할 수 있으리라 기대한다.

책은 전투관련 기술(Combat Technology), 무기관련 기술(Weapon Technology), 문화 및 역사(Cultrue & History) 순으로 집필되었다. 실제 군에서 사용하는 분류법보다는 해당 기술(Technology)이 어떻게 활용되었는지에 대해 초점을 맞추어 분류하였다. 그리고 책의 목적상 깊고 어려운 내용보다는 군사 전 분야에 대하여 넓게 작성되었다. 또, 독자들의 이해를 돕기 위하여 군 전문용어들은 일부 친숙한 용어로 변경하여 작성되었다. 한편으로는 저작권과 군 보안상 실제 군 현장의 생생한 사진들을 게시하지 못한 아쉬움도 남는다.

군인의 꿈을 꾸고 있거나, 이제 군인으로서 첫발을 딛는 많은 이들이 이 책을 통해 군사 분야에 흥미를 느꼈으면 하는 바람이다. 지면을 빌려 책 집필을 위해 함께 머리를 싸매고 연구한 두 선배님과 항상 믿어주고 지지해주는 어머니, 아버지와 아내, 첫째 아들 도현이와 곧 태어날 둘째 아이 운이에게도 무한한 사랑과 감사의 마음을 전한다.

박규순

나의 인생 버킷리스트 중에 책을 출판해 보는 것이 있었다. 책을 자주 읽으려고 노력하면서 많은 책을 접하게 되었고, 이러한 책을 쓴 작가들이 대단하다는 생각을 자주 하게 되면서부터 출판에 대한 꿈을 키웠던 것 같다. 이렇게 책을 써보고 싶다는 생각은 있었지만 구체적으로 언제, 어떤 주제로 책을 써야 할지에 대해서는 생각해 보지 않았다. 막연하게 십 년 후쯤 쓸 수 있지 않을까 생각하고 있었다. 이런 생각을 가지고 있었기에 공동으로 책을 써보자는 동료들의 제안에 '내가 과연 책을 쓸 수 있을까?'라는 생각이 들었다. 하지만 지금 아니면 책을 쓸 수 있는 기회가 또 언제 올지 모른다는 생각에 책을 써보기로 했다.

책은 다양한 군사적 내용을 전달하고자 하는 목적으로 쓰기 시작했다. 시중에 나온 군사관련 서적은 많지만 내용이 어려워서 일반인들이 쉽게 다가서기 어렵다는 점을 고려하여 내용을 쉽게 풀어서 접근하려고 했다. 군사적인 내용에 관심은 있지만 다른 책들의 전문적인 내용에 압도당해 군사서적을 읽을 엄두를 못 내신 분들이나, 가벼운 마음으로 군사서적을 읽기를 원하시는 분들이 읽기에 적합한 책을 써보려고 노력했다. 이 책을 읽다보면 일상생활에서 생각보다 많은 부분들이 군사적인 측면과 연관된다는 것을 알고 놀랄 수도 있다. 그만큼 우리도 모르는 것들 중에 많은 부분이 군사적 측면에서 왔다는 것을 알 수 있을 것이다. 이 책을 통해서 독자들이 군사적인 내용이 지루하고 어렵지 않다는 것을 느낄 수 있었으면 좋겠다. 또 한발 더 나아가 군사적인 내용에 흥미를 가질 수 있게 되었으면 좋겠다.

처음 쓰는 책이다 보니 글을 쓰는 것부터가 쉽지 않았고, 책을 출판하는 과정도 만만치 않았다. 이렇게 쉽지 않았던 출판 과정에서 힘이 되어준 동료들께 감사한 마음을 전한다. 그리고 주말부부를 함에도 항상 힘이 되어주는 아내 유경이, 자주 놀아주지 못함에도 웃는 얼굴로 맞아주는 서현이와 앞으로 태어날 둘째 심바에게도 감사함을 전하고 싶다. 또 항상 나를 믿어주고 응원해주는 아버지와 어머니에게도 감사함을 전하고 싶다.

최병훈

군 생활을 오래하진 않았지만, 문뜩 '나는 과연 국방·군사 분야의 전문가인가? 전문가가 되려고 노력하고 있는가?' 라는 생각이 들었다. 부끄럽지만 여전히 이 질문에 답을 할 수가 없다.

인생을 오래 살며 나이가 많아진다고 자연스럽게 지혜롭고 현명해지는 게 아니듯이, 군 생활을 오래 하고 계급이 높아진다고 자연스럽게 전문가가 되는 것은 아니라는 것을 깨달았다. 어떠한 노력도 없이 자연스러운 것은 없었다.

그래서 국방·군사 분야의 전문가가 되기 위한 프로젝트의 일환으로 관련 분야의 책 100권을 읽고 정리하기를 시작했고, 2년 6개월 만에 목표했던 100권을 달성했다. 그 결과 조금이나마 전문성이 향상됨을 느끼고, '아는 만큼 보인다'는 말처럼 다양한 분야에 대한 관심의 폭이 넓어졌다. 하지만 동시에 '내가 모르는 것이 정말 많구나'라는 사실을 깨닫게 되었고 오히려 전문가의 길이 너무나 멀게만 느껴졌다.

그럼에도 국방·군사 분야의 전문가가 되기 위해 내가 알게 된 것들을 정리해서 책을 써보자는 프로젝트였고, 그 결과가 이렇게 탄생했다. 책을 쓰면서 처음 생각했던 것과는 달리 나의 부족함과 아직 갈 길이 멀기에 더욱더 실력을 갈고 닦아야 함을 깨닫게 되었다.

이 책으로 인해 국방·군사 분야에 관심이 없던 사람들이나 혹은 관심이 있더라도 잘 몰랐던 부분에 대해 조금이나마 도움이 된다면 그것으로 만족할 것 같다. 마지막으로 개인적으로 좋아하는 군사 명언으로 마무리하려 한다.

"당신이 전쟁에 관심 없더라도, 전쟁은 당신에게 관심 있다."
"평화를 원한다면, 전쟁에 대비하라."

이승현

[저자 소개]

왼쪽부터 박규순, 최병훈, 이승현

박규순

육군사관학교 69기 군사학, 기계공학
현 KAIST 신소재공학 석사과정
현 육군 종합군수학교 장비정비/탄약연구센터 자문위원
　풍산-KAIST 미래기술연구센터 연구원

최병훈

육군사관학교 68기 군사학, 토목공학
현 KAIST 건설/환경공학 석사과정

이승현

육군사관학교 68기 군사학, 무기시스템공학
현 KAIST 미래자동차학제 석사과정
INSTAGRAM: @leeesssong

Military Talk
– 재미있는 군사이야기

초판발행	2020년 10월 30일
지은이	박규순·최병훈·이승현
펴낸이	안종만·안상준
편 집	이면희
기획/마케팅	정성혁
표지디자인	BEN STORY
제 작	고철민·조영환
펴낸곳	(주) **박영사**
	서울특별시 금천구 가산디지털2로 53, 210호(가산동, 한라시그마밸리)
	등록 1959. 3. 11. 제300-1959-1호(倫)
전 화	02)733-6771
f a x	02)736-4818
e-mail	pys@pybook.co.kr
homepage	www.pybook.co.kr
ISBN	979-11-303-1087-9 03390

copyright©박규순·최병훈·이승현, 2020, Printed in Korea

* 파본은 구입하신 곳에서 교환해 드립니다. 본서의 무단복제행위를 금합니다.
* 저자와 협의하여 인지첩부를 생략합니다.

정 가   15,000원